普通高等教育实验实训系列教材

电机及拖动实验指导

主　编	焦玉成　　杜逸鸣
	俞　娟
副主编	钱厚亮　　张　磊
	周　洪　　王　平
编　写	路　明　　黄　捷
主　审	张　犁

中国电力出版社
CHINA ELECTRIC POWER PRESS

内容提要

　　基于电机控制技术的发展和教学改革的不断深入,编者结合多年来电机与电机控制实践教学环节的改革经验编写了本书,旨在加强学生实践能力和综合素养的培养。

　　全书共四章十三个实验,主要包括单相变压器的空载实验、短路实验、负载实验,三相异步电动机的空载实验、短路实验以及特性测定实验,直流电机的特性测定实验,电动机控制综合实验等。实验内容的设置由浅入深,符合学生认知规律。

　　本书主要作为电气类、自动化类、机械类相关专业本科实验教材,同时可作为高职本科和高职高专电机实验教材,也可作为电工技师的培训教材。

图书在版编目(CIP)数据

电机及拖动实验指导/焦玉成,杜逸鸣,俞娟主编.—北京:中国电力出版社,2022.8(2024.7重印)
普通高等教育实验实训系列教材
ISBN 978-7-5198-6678-5

Ⅰ.①电…　Ⅱ.①焦…②杜…③俞…　Ⅲ.①电机—实验—高等学校—教学参考资料②电力传动—实验—高等学校—教学参考资料　Ⅳ.①TM306②TM921-33

中国版本图书馆 CIP 数据核字(2022)第 059156 号

出版发行:中国电力出版社
地　　址:北京市东城区北京站西街 19 号(邮政编码 100005)
网　　址:http://www.cepp.sgcc.com.cn
责任编辑:乔　莉(010-63412532)
责任校对:黄　蓓　朱丽芳
装帧设计:郝晓燕　赵姗姗
责任印制:吴　迪

印　　刷:固安县铭成印刷有限公司
版　　次:2022 年 8 月第一版
印　　次:2024 年 7 月北京第三次印刷
开　　本:787 毫米×1092 毫米　16 开本
印　　张:9.75
字　　数:238 千字
定　　价:33.00 元

前 言

本书按照"理实一体化教学"理念和"能力本位教育"的原则，从高等教育培养电气与自动化综合应用型人才和工程应用的角度出发，依据相关国家标准、行业标准，以学生为主体，设定实验预习要求，给出详尽实验指导与实验思考。

本书基于电气工程系统常用电机实验的内容进行编写，详细介绍了电机实验的原理、实验目的、实验设备、实验步骤、实验注意事项、实验报告书写的要求和实验问题讨论，并根据智能电器在电动机控制工程实践中的具体应用增加了 PLC 控制电动机的实验内容。

本书力求实验操作内容全面、语言简洁、通俗易懂。通过对电机基础实验与电动机综合控制实验的学习，学生可以从易到难、循序渐进地掌握电机原理与电动机在工程领域中的应用方法，为后期快速适应岗位奠定一定的基础。

第一章为变压器参数检测与验证实验。本章实验的主要目的是通过实验验证变压器理论基础，锻炼学生接线、调试、电气测量、实验数据处理等方面能力。完成实验的同时，加深对变压器原理、功能与应用的理解。

第二章为三相异步电动机参数检测与验证实验。本章实验的主要目的是通过实验掌握三相异步电动机的各项特性参数；通过空载短路实验掌握三相异步电动机的基础损耗，并懂得三相异步电动机在电路分析中的理论等效；通过三相异步电动机的负载实验掌握电动机的机械特性。

第三章为直流电机参数检测与验证实验。本章实验的主要目的是通过实验掌握直流发电机的运行特性、自励条件，掌握直流电动机的工作特性与调速特性。

第四章为电动机控制综合实验。本章内容为综合应用系列实验，包含了继电器—接触器控制电动机、PLC 控制电动机、变频器驱动电动机等实验。本章电动机控制实验由易到难，旨在通过实验提高学生的综合素质。

本书标"＊"的内容为选学，是为了适应不同专业、不同层次学生学习的需要，也是为了培养学生独立思考分析的能力。

全书实验数据表格以及实验报告纸采用活页形式，方便学生根据实验内容选择和抽取及提交作业。

本书由三江学院焦玉成、杜逸鸣、俞娟老师担任主编，金陵科技学院张磊老师、南京工程学院钱厚亮老师担任副主编，三江学院路明、黄捷老师参与编写；全书由焦玉成统稿。河海大学电气工程系主任张犁教授审阅了全稿，在此表示衷心感谢。

限于编者水平，加之时间仓促，书中难免出现不妥与疏漏之处，恳请广大读者批评指正。

编 者

2022 年 3 月

目　录

第一章

变压器参数检测与验证实验

实验一　单相变压器空载实验和短路实验

一、实验目的

（1）掌握单相变压器的空载实验和短路实验的操作。

（2）通过测量 I_{10}、U_{10}、U_{20} 及 P_0 来计算 k、I_0、P_{Fe}、Z_m，并判断铁心质量和线圈质量。

（3）用实验方法测定单相变压器的铜损耗；根据所测数据计算短路阻抗 Z_k，分析变压器短路特性。

二、实验设备

具有保护功能的实验台，三相调压器 1 台，待测变压器 1 台，电压互感器 2 台，电流互感器 2 台，电压表 2 只，电流表 2 只，低功率因数功率表 1 只。

三、实验内容

（一）变压器空载实验

空载运行是指变压器高压侧接到额定电压、额定频率的电源上，低压侧开路时的运行状态。空载实验一般在低压侧加电源，高压侧开路。

验证空载特性 $U_{10} = f(I_{10})$。设置初始开路电压 $U_{10} = (1.1 \sim 1.2)U_{1N}$，然后逐渐调节 U_{10} 至 0。电压变化的过程中，记录相应的空载电流、空载损耗，作出相应的曲线，找出当电压为额定电压时相对应的空载电流和空载损耗，作为计算励磁参数的依据。

（二）变压器短路实验

变压器短路实验是将变压器低压侧短接，高压侧通电，即将电源 U、N 分别接入变压器的高压侧 A、X 端口。测量高压侧电压、电流、功率以及低压侧电流。调节调压器，使高压侧电压从低值逐渐升高，当高压侧电流达到额定值，即短路电流 $I_k = I_{1N}$ 时，测出短路电压 U_k 和短路时的功率 P_k。

注：记录下室温。

1

四、 实验方法与步骤

（一）变压器空载实验

1. 实验电路

单相变压器空载实验电路图如图 1-1-1 所示。其中 AX 为高压绕组，ax 为低压绕组。为了便于实验及安全考虑，通常令高压绕组（小电流侧）开路，低压绕组（大电流侧）外施额定电压；同时，为了避免将流经电压表和功率表电压线圈的电流流入电流表内，影响相对数值较小的空载电流的测量准确度，应将电流表紧靠被测绕组连接。

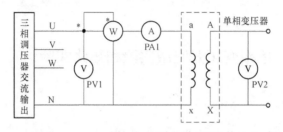

图 1-1-1　单相变压器空载实验电路图

仪表经互感器与电路连接方式：电压互感器一次侧并联到电源，二次侧接电压表；电流互感器一次侧串联到负载回路（此处为变压器低压侧线圈回路），二次侧接电流表。功率表经互感器接入电路方法见图 1-1-2。

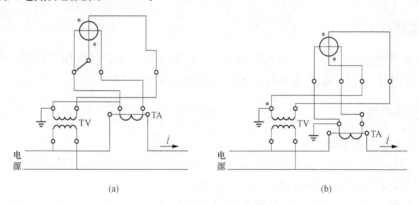

(a)   (b)

图 1-1-2　功率表经互感器接入电路

（a）互感器分开接地；（b）互感器共用接地

2. 仪表设备的选择

根据变压器的铭牌可知 S_N、U_{1N}/U_{2N}、I_{1N}/I_{2N}，一般 $I_{10} = 10\%I_{1N}$，可据此选择仪表。

例如，某实验室变压器容量 $S_N = 250\text{kV}$，$U_{1N}/U_{2N} = 230/6000\text{V}$，$I_{1N}/I_{2N} = 1087/41.7\text{A}$，则

$$I_{10} = 10\%I_{1N} = 108.7\text{A}$$

$$U_{10} = (1.1 \sim 1.2)U_{1N} = (1.1 \sim 1.2) \times 230 = 253 \sim 276(\text{V})$$

高压侧电压互感器变比不小于高压侧电压与标准电压表电压量程的比值，同理，低压侧电压互感器变比不小于低压侧电压与标准电压值的比值，电流互感器变比不小于实际电流与标准电流值的比值。据此，仪表选择如下：

100V 交流电压表两只；变比为 3∶1 电压互感器 1 台，变比为 72∶1 电压互感器 1 台；
5A 交流电流表 1 只；变比为 25∶1 电流互感器 1 台；150V，2.5A(低功率因数 $\cos\varphi=0.1$)
功率表 1 只。

3．实验步骤

(1) 将三相调压器手柄置于输出电压为零的位置，然后合上电源开关。

(2) 调电压 $U_{10}=U_{1N}$，记录 I_{10}、P_0 及 U_{20} 的值并填于实验表 1-1-1 中。

(3) 调电压至 $U_{10}=(1.1\sim1.2)U_{1N}$，然后逐步降低电压，选择 7～8 个电压值，至 $U_{10}=0$
为止，记录 U_{10} 及 I_{10} 的值并填于实验表 1-1-1 中。

(4) 关闭电源，拆除电路。

4．空载实验注意事项

(1) 合电源开关时应先将三相调压器的输出电压调为零，否则可能有较大的空载合闸冲
击电流。

(2) 空载实验应在低压侧加电源。

(3) 为使空载曲线的弯曲部分更真实，应在接近 U_{1N} 的部分多取几个电压值进行实验。

(4) 因为空载时阻抗较大，电流较小，为了减小电压表内阻对测量准确度的影响，应使
用电压表外接法。

5．计算

(1) 计算变压器变比

$$k=\frac{U_{20}}{U_{10}}$$

(2) 计算变压器空载电流百分比

$$I_0\%=\frac{I_0}{I_{1N}}\times100\%$$

(3) 由变压器空载损耗可知变压器的铁损

$$p_{Fe}=p_0$$

(4) 由空载简化等效电路，计算变压器低压侧励磁阻抗

$$Z_m=\frac{U_{1N}}{I_{10}};\ R_m=\frac{p_0}{I_{10}^2};\ X_m=\sqrt{Z_m^2-R_m^2}$$

(5) 由于空载实验在低压侧测量计算的，计算中常常将磁路等效为电路，需要折算励磁
阻抗到高压侧

$$Z_m'=k^2Z_m$$
$$R_m'=k^2R_m$$
$$X_m'=k^2X_m$$

即将上述所求的 Z_m、R_m、X_m 乘以 k^2。

(二) 变压器短路实验

1．实验电路

变压器短路实验电路图如图 1-1-3 所示，其中将变压器低压侧短接，从高压侧通电进
行实验。

短路实验时，使短路电流为额定电流时一次侧所加的电压，称为短路电压 U_{kN}，其值为
$U_{kN}=I_{kN}Z_{k75℃}$。额定电流在短路阻抗上的压降，称为阻抗电压。

3

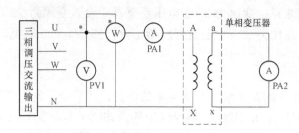

图 1-1-3 变压器短路实验电路图

短路电压百分值为

$$U_k\% = \frac{U_{kN}}{U_{1N}} \times 100\% = \frac{I_{1N}Z_{k75℃}}{U_{1N}} \times 100\%$$

$U_k\%$ 对变压器运行性能的影响：

（1）短路电压百分值大小反映短路阻抗大小。

（2）正常运行时，希望 $U_k\%$ 值小一些，因为 $U_k\%$ 值越小电压波动越小。

（3）限制短路电流时，希望 $U_k\%$ 值大一些。

一般情况下，中、小型变压器 $U_k\%$ 为 $4\% \sim 10.5\%$，大型变压器 $U_k\%$ 为 $12.5\% \sim 17.5\%$。

2. 仪表设备的选择

根据变压器铭牌选择仪表，短路电压在 $(5.0\% \sim 10.0\%)U_2$ 范围内。本实验电压表的读数为：$U_k = (5.0\% \sim 10.0\%) \times 6000 = 300 \sim 600V$。据此仪表选择如下：

100V 交流电压表 1 只；5A 交流电流表 1 只；100V、5A 功率表 1 只；输出电流大于 110A 调压器 1 台。变比为 6:1 电压互感器 1 台，变比为 22:1 电流互感器 2 台。

3. 实验步骤

（1）将三相调压器手柄置于输出电压为零的位置，然后合上电源开关。

（2）监视电流表，缓慢地增加电压，至电流达到变压器高压侧的额定电流（$I_k = I_{2N}$）时为止，记录 I_k、U_k 和 P_k，填于实验表 1-1-2。

（3）电压调至零，关闭电源，拆除电路。

4. 短路实验注意事项

（1）变压器二次侧短接线应用短而粗的导线，并保证接触良好。

（2）因为短路阻抗值较小，电流较大，为减小电流表内阻分压对电压测量准确度的影响，应使用电流表外接法。

（3）短路实验进行时间不宜过长，以免引起温升对电阻的影响。注意记下室温，并认为测得的 R_k 是室温下的值。

5. 计算

（1）估算变压器短路时铜损 p_{Cu}、铁损 p_{Fe}

$$p_{Cu} \approx p_k = P_{kN}(p_k = p_{Cu} + p_{Fe} \approx p_{Cu})$$

所以 $p_{Fe} \approx 0$

（2）计算变压器短路阻抗：

由简化等效电路，得

$$Z_k = \frac{U_k}{I_k}; \quad R_k = \frac{p_k}{I_k^2}; \quad X_k = \sqrt{Z_k^2 - R_k^2}$$

一般认为 $R_1 \approx R_2' = \frac{1}{2}R_k$，$X_1 \approx X_2' = \frac{1}{2}X_k$。

（3）短路阻抗温度折算至 75℃，线圈电阻与温度有关，国标规定向 75℃ 换算：

对于铜线
$$R_{k75℃} = \frac{235+75}{235+\theta}R_k$$

对于铝线
$$R_{k75℃} = \frac{228+75}{228+\theta}R_k$$

则
$$Z_{k75℃} = \sqrt{R_{k75℃}^2 + X_k^2}$$

五、 实验报告要求

（1）写出实验目的；

（2）写出所用实验仪器的名称、规格、数量；

（3）绘制实验电路图；

（4）写出实验过程，记录实验数据；

（5）依据记录的数据计算出有关参数；

（6）根据记录数据画出变压器空载特性曲线与短路特性曲线。

六、 问题讨论

（1）做变压器空载实验时，为什么在低压侧通电进行测量？

（2）为什么变压器空载实验参数一定要在额定电压下求出？

（3）做变压器短路实验时，为什么在高压侧电源通电进行测量？

（4）短路实验仪表的安装位置与空载实验有何不同，为什么要这样安装接线？

实验二 单相变压器负载特性实验

一、实验目的

（1）掌握单相变压器的负载实验操作。

（2）通过负载实验测取变压器的负载特性（也称运行特性），求出变压器电压变化率 Δu 和效率 η。

二、实验设备

具有保护功能的试验台，三相调压器 1 台，待测变压器 1 台，电压互感器 2 台，电流互感器 2 台，电压表 2 只，电流表 2 只，低功率因数功率表 1 只，可调电阻 1 台，电抗器 1 台。

三、实验原理

当变压器一次侧接额定电压、二次侧开路时，二次侧电压 U_{20} 就是二次侧的额定电压 U_{2N}。变压器二次侧接上负载后，二次侧电压变为 U_2，与空载时二次侧电压 U_{20} 相比，变化了 $U_{20}-U_2$，它与额定电压 $U_{2N}(U_{20})$ 的比值称为电压变化率 $\Delta u\left(\Delta u=\dfrac{U_{20}-U_2}{U_{20}}\right)$。变压器的效率 η 计算式为

$$\eta=\frac{P_2}{P_1}=\frac{P_1-\sum P}{P_1}$$

式中：P_1 为变压器一次侧输入的有功功率，W；P_2 为变压器二次侧输出的有功功率，W；$\sum P$ 为变压器有功功率的总损耗 $\sum P \approx P_{Fe}+P_{Cu}\approx P_0+P_k$。

四、实验方法与步骤

（一）实验电路

单相变压器负载特性实验电路图 1-2-1 所示。变压器低压绕组接电源，高压绕组经过开关 S1，接到负载电阻 R_2 上，从测得的数据中分析出变压器负载实验特性。

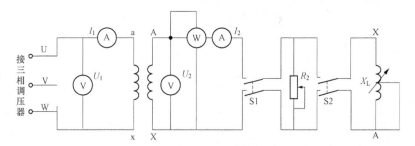

图 1-2-1 单相变压器负载特性实验电路图

（二）仪表设备的选择

根据变压器的铭牌可知 S_N、U_{1N}/U_{2N}、I_{1N}/I_{2N}，一般 $I_{10}=10\% I_{1N}$。据此选择仪表如下：

250V 交流电压表 1 只；150V 交流电压表 1 只；1A、2.5A 交流电流表各 1 只；150V、2.5A 功率表（低功率因数 $\cos\varphi=0.1$）1 只；

三相调压器 1 台，要求：输出电压 $U_2>(1.1\sim1.2)\times110=121\sim132\text{V}$，输出电流 $I_2\geqslant1\text{A}$。

（三）实验步骤

1. 纯电阻负荷

保持 $U_1=U_{1\text{N}}$，$\cos\varphi_2=1$ 的条件下，测取 $U_2=f(I_2)$ 特性。

（1）接通电源前，确认三相调压器旋钮已调到电压为零的位置，且可变电阻 R_2 已调为最大电阻；

（2）负载电阻 R_2 调到最大，合上 S1，然后接通三相调压器的交流电源；

（3）逐渐升高电源电压，使调压器输出电压 $U_1=U_{1\text{N}}$；

（4）在保持 $U_1=U_{1\text{N}}$ 的条件下，逐渐减小负载电阻 R_2 的阻值；

（5）从空载到额定负载的范围内，测取变压器的输出电压 U_2 和电流 I_2 的值，共取 5～6 组数据，记录于实验表 1-2-1 中。$I_2=0$ 和 $I_2=I_{2\text{N}}$ 这两点必测；

（6）实验完毕，将 R_2 调至最大阻值，断开三相调压器三相电源，将三相调压器旋钮调到电压为零的位置。

2. 阻感性负载

保持 $U_1=U_{1\text{N}}$，$\cos\varphi_2=0.8$ 的条件下，测取 $U_2=f(I_2)$ 特性。

（1）接通电源前，确认三相调压器旋钮已调到电压为零的位置，且可变电阻 R_2 已调为最大阻值；

（2）电抗器 X_L 和 R_2 并联作为变压器的负载；

（3）将 R_2 和 X_L 调到最大，然后合上 S1、S2，按下接通三相调压器电源的按钮；

（4）在保持 $U_1=U_{1\text{N}}$ 及 $\cos\varphi_2=0.8$ 条件下，逐渐增加负载电流，从空载到额定负载的范围内，测取变压器 U_2 和 I_2，共取 5～6 组数据记录于实验表 1-2-2 中。$I_2=0$ 和 $I_2=I_{2\text{N}}$ 两点必测；

（5）实验完毕，将 R_2、X_L 调至最大阻值，断开电源开关，将三相调压器旋钮调到初始位置。

（四）负载实验注意事项

（1）实验换线时应切断三相调压器电源；

（2）实验时应缓慢增加负载电流。

（五）计算

1. 变压器的电压变化率 Δu

（1）依据实验数据分别绘出 $\cos\varphi_2=1$ 和 $\cos\varphi_2=0.8$ 时的负载特性曲线 $U_2=f(I_2)$，由特性曲线计算出 $I_2=I_{2\text{N}}$ 时的电压变化率，计算式为

$$\Delta u=\frac{U_{20}-U_2}{U_{20}}$$

（2）根据实验数据求得的参数，分别计算出 $I_2=I_{2\text{N}}$，$\cos\varphi_2=1$ 和 $I_2=I_{2\text{N}}$，$\cos\varphi_2=0.8$ 时的电压变化率，计算式为

$$\Delta u=\frac{U_\text{k}\cos\varphi_2-U_{\text{kx}}\sin\varphi_2}{U_{1\text{N}}}$$

将两种计算结果进行比较，并分析不同性质的负载对输出电压的影响。

2. 变压器效率 η

（1）用间接法计算出 $\cos\varphi_2 = 0.8$ 情况下不同负载电流时的变压器效率，记录于实验表 1 - 2 - 3 中。η 计算式为

$$\eta = \left(1 - \frac{P_0 + I_2^* P_{kN}}{I_2^* P_N \cos\varphi_2 + P_0 + I_2^{*2} P_{kN}}\right) \times 100\%$$

式中：P_0 为变压器 $U_0 = U_N$ 时的空载损耗；I_2^* 为 I_2 的标幺值。

（2）由计算数据绘出变压器的效率曲线 $\eta = f(I_2)$。

（3）计算被试变压器 $\eta = \eta_{max}$ 时的负载系数 β_m。

五、 实验报告要求

（1）写出实验目的；

（2）写出所用实验仪器的名称、规格、数量；

（3）画出实验电路图；

（4）写出实验过程，记录实验数据；

（5）依据记录的数据计算出有关参数；

（6）根据记录数据画出变压器负载特性曲线与效率曲线。

六、 问题讨论

为什么每次实验都要强调将三相调压器恢复到起始零位，方可合上或断开三相调压器电源开关？

第二章

三相异步电动机参数检测与验证实验

实验一　三相异步电动机空载实验和短路实验

一、实验目的

（1）掌握三相异步电动机的空载、短路实验的方法；

（2）求三相异步电动机的损耗。

二、实验设备

具有保护功能的实验台，三相调压器 1 台，测功机 1 台，待测三相笼型异步电动机 1 台，电压互感器 3 台（非必选），电流互感器 3 台（非必选），电压表 3 只，电流表 3 只，功率表 2 只，低功率因数功率表 2 只。

三、实验内容

（1）用直接测量法测量三相异步电动机冷态下的定子绕组的电阻值。

（2）做三相异步电动机的空载实验，画出空载特性曲线：$I_0 = f(U_0)$，$P_0 = f(U_0)$，$\cos\varphi_0 = f(U_0)$。

（3）做三相异步电动机的短路实验，画出短路特性曲线：$I_k = f(U_k)$，$P_k = f(U_k)$，$\cos\varphi_k = f(U_k)$。

四、实验方法和步骤

（一）测量冷态下的定子绕组阻值

用数字万用表直接测绕组电阻，记录于实验表 2 - 1 - 1 中。

（二）空载实验

1. 实验电路

三相异步电动机实验电路如图 2 - 1 - 1 所示。

三相异步电动机定子绕组接成三角形。注意观察三相异步电动机绕组星形、三角形接法对应的额定电压值。

注：本实验后面的步骤以额定电压为 220V、额定电流为 0.48A、三角形接法三相异步电动机为例进行说明。

9

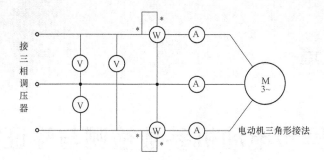

图 2-1-1　三相异步电动机实验电路图

2. 仪表设备的选择

根据三相异步电动机额定功率、额定电压、额定电流来选择仪表。

例如，一台三相异步电动机的铭牌上各项数据为 $P_0 = 2.2\text{kW}$，$U_{10} = 220/380\text{V}$，$I_{10} = 8.9/5.13\text{A}$，一般额定电压下空载电流 $I_{10} = 50\% \times 8.9 = 4.75\text{A}$。据此仪表选择如下：

(1) 450V 交流电压表，3 只；

(2) 5A 交流电流表，3 只；

(3) 450V、5A 功率表，2 只（建议选用低功率因数功率表）；

(4) 三相调压器 1 台，要求：输出电压 $U_2 > 450\text{V}$，输出电流 $I_2 > 10\text{A}$。

3. 实验步骤

(1) 电路连接完成后，将三相调压器输出电压调至零位。

(2) 接通三相调压器的交流电源，接通电动机启动开关，旋动三相调压器旋钮，增大电压使电动机启动，观察电动机旋转的方向，调整电动机相序，使其旋转方向符合测功机的要求。

(3) 仍将三相调压器输出电压调至零位，逐渐升高三相调压器输出电压，启动电动机，保持电动机在额定电压时空载运行数分钟，使机械损耗达到稳定后再进行实验数据的测试。

(4) 调节三相调压器输出电压由 1.2 倍额定电压开始逐渐降低，直至电流或功率显著增大为止。在这范围内读取空载电压、空载电流、空载功率，共读取 7～9 组数据，记录于实验表 2-1-2 中，断开三相调压器电源。

(5) 实验完毕，将三相调压器旋钮退至零位。

4. 空载实验注意事项

(1) 合上电源开关前，应使三相调压器输出电压为零，否则可能有很大的启动电流。

(2) 空载实验读取数据时，应在额定电压值附近多测几点，且额定电压点必测。

(3) 空载曲线的电压最低点不应使转速发生明显的变化，一般曲线做到 $U_{10} = 0.5U_{10}$ 即可，U_{10} 太低，转速变化太大，曲线没有意义。

(4) 为减少仪表内阻对测量结果的影响，电压表采用前接法。

5. 计算

(1) 计算基准工作温度时的相电阻。由直接测量法实验测得三相异步电动机每相绕组的电阻值，此值应为实际冷态电阻值，冷态温度为室温，换算到基准工作温度时，定子绕组相电阻计算式为

$$r_{\text{ref}} = r_{\text{c}} \frac{235 + \theta_{\text{ref}}}{235 + \theta_{\text{c}}}$$

式中：r_{c} 为定子绕组的实际冷态相电阻，Ω；θ_{ref} 为基准工作温度，对于 E 级绝缘为 $75℃$；θ_{c} 为实际冷态时定子绕组的温度，℃。

（2）由空载实验数据求出。绘制电动机空载特性曲线 $I_0 = f(U_0)$，$P_0 = f(U_0)$，$\cos\varphi_0 = f(U_0)$。

额定电压时的空载参数计算：

空载阻抗 $\qquad\qquad\qquad\qquad Z_0 = \dfrac{U_0}{I_0}$

空载等效电阻 $\qquad\qquad\qquad r_0 = \dfrac{P_0}{3I_0^2}$

空载阻抗与空载电阻及电抗的关系 $\qquad Z_0 = \sqrt{x_0^2 + r_0^2}$

励磁阻抗与空载阻抗及一次绕组阻抗的关系 $\qquad x_{\text{m}} = x_0 - x_1$

励磁阻抗 $\qquad\qquad\qquad\qquad r_{\text{m}} = \dfrac{P_{\text{Fe}}}{3I_{10}^2}$

励磁阻抗与励磁电阻及电抗的关系 $\qquad z_{\text{m}} = \sqrt{x_{\text{m}}^2 + r_{\text{m}}^2}$

上几式中：U_0、I_0、P_0 分别对应于额定电压时的相电压、相电流、三相空载功率；P_{Fe} 为三相异步电动机的铁损耗，可由 $P_0 = f(U_0^2)$ 关系曲线（自行绘制于活页教材中）查得。

（三）短路实验

1. 实验电路

三相异步电动机实验电路如图 2-1-1 所示。三相异步电动机定子绕组接成三角形，额定电压为 220V。

2. 仪表设备的选择

根据三相异步电动机额定功率、额定电压、额定电流来选择仪表。按空载实验中电动机数据，短路电压 $U_{\text{k}} = (15\% \sim 25\%)U_{10} = 57 \sim 95\text{V}$。为此，仪表选择如下：

（1）100V 交流电压表，3 只；

（2）10A 交流电流表，3 只；

（3）100V、10A 功率表，2 只；

（4）三相调压器 1 台，要求：输出电压 $U_2 > 100\text{V}$，输出电流 $I_2 > 10\text{A}$。

3. 实验步骤

（1）把电动机和测功机同轴相连，用销钉把测功机的定子和转子销住，将三相调压器旋钮调至零位。

（2）接通三相调压器的交流电源，调节三相调压器，使之逐渐升压至短路电流达到 1.2 倍额定电流，再逐渐降压至 0.3 倍额定电流为止。

（3）在这范围内读取短路电压、短路电流、短路功率，共读取 4～5 组数据，记录于实验表 2-1-3 中，断开三相调压器的交流电源。

（4）实验完毕，将三相可调电压旋钮退至零位。

4. 短路实验注意事项

（1）电动机和测功机由联轴器相互连接，必须旋紧固定螺钉，将测功机的定子和装置固定住。

（2）短路实验进行时间不宜过长，否则将引起温升，影响电动机绕组的电阻值，所以整个实验动作要迅速。

（3）实验电路中仪表的布置应按低阻抗的要求布置。

5. 计算

绘制电动机短路特性曲线 $I_k=f(U_k)$，$P_k=f(U_k)$，$\cos\varphi_k=f(U_k)$。

额定电流时的短路参数计算：

短路阻抗 $$z_k=\frac{U_k}{I_k}$$

短路等效电阻 $$r_k=\frac{p_k}{3I_k^2}$$

短路等效电抗 $$x_k=\sqrt{z_k^2-r_k^2}$$

折合到 75℃ 时 $$r_{k75℃}=r_k\frac{234.5+75}{234.5+\theta}$$

$$z_{k75℃}=\sqrt{r_{k75℃}^2+x_k^2}$$

$$r_{275℃}=r_{k75℃}-r_{175℃}$$

转子等效电抗与定子等效电抗近似相等，即 $x_{1k}=x_{2k}=\frac{1}{2}x_k$。

五、 实验报告要求

（1）写出实验目的；

（2）写出所用实验仪器的名称、规格、数量；

（3）绘制实验电路图；

（4）写出实验过程，记录实验数据；

（5）依据记录的实验数据计算出相关参数；

（6）根据记录的实验数据绘制三相异步电动机空载特性曲线与短路特性曲线。

六、 问题讨论

（1）由三相异步电动机的空载实验、短路实验数据求取三相异步电动机的等效电路参数时，有哪些因素会引起误差？

（2）三相异步电动机空载实验时，电压降得太低，为什么没有意义？

实验二　三相异步电动机工作特性和机械特性的测定

一、实验目的

用实验方法求三相异步电动机的工作特性和机械特性。

二、实验设备

具有保护功能的实验台，三相调压器1台，待测三相绕线式异步电动机1台，电压互感器3台（非必选），电流互感器3台（非必选），测功机1台，电压表3只，电流表3只，功率表2只，转速表1只，三相可调电阻器1组，可调直流电源1台，可调电阻器2只，直流电流表2只，直流电压表1只，直流发电机1台。

三、实验内容

（1）三相异步电动机的工作特性实验。

（2）在绕线式异步电动机转子回路中串入三相对称电阻时，测反接制动运行状态下的机械特性。

四、实验电路和步骤

（一）三相异步电动机的工作特性实验

1. 实验电路

三相异步电动机工作特性实验电路如图2-2-1所示。

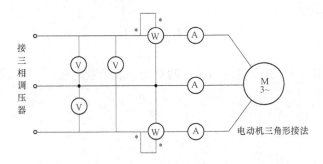

图2-2-1　三相异步电动机工作特性实验电路图

三相异步电动机定子绕组接成三角形。注意观察三相异步电动机定子绕组星形、三角形接法对应的额定电压值。

注：本实验后面的步骤以额定电压为220V、额定电流为0.48A、三角形接法的三相异步电动机为例进行说明。

2. 实验仪表设备的选择

根据三相异步电动机额定功率、额定电压、额定电流来选择仪表。依据本章实验一中所例电动机数据，仪表选择如下：

（1）450V交流电压表，3只；

（2）10A 交流电流表，3 只；

（3）450V、10A 功率表，2 只；

（4）三相调压器 1 台，要求：输出电压 $U_2 > 450$V，输出电流 $I_2 > 10$A。

3. 实验步骤

（1）实验电路连接完成后，将三相调压器、测功机励磁调压器的输出电压调至零位。

（2）接通三相调压器与测功机励磁调压器的电源开关，调节三相调压器，使其输出电压逐渐升至三相异步电动机的额定电压（在做实验时保持电压稳定）。

（3）逐渐升高测功机励磁电压，使三相异步电动机的定子电流也逐渐上升，直至电流上升到 1.25 倍的额定电流。

（4）从 1.25 倍的额定电流开始，逐渐减小负载电流直至空载，在这范围内读取三相异步电动机的定子电流、输入功率、转速、测功机转矩等数据，共读取 5～6 组数据，记录于实验表 2-2-1 中，断开电源开关，使三相异步电动机与电源脱离。

实验完毕，将三相调压器旋钮调至起始位置。

4. 工作特性实验注意事项

（1）接通电源开关时应先将三相调压器输出电压调为零，否则可能有很大的启动电流；

（2）功率表接线时注意发电机端，不能接错，读数时注意符号；

（3）测功机的励磁调节（即测功机的励磁电压）要缓慢进行，不可以反复调节；

（4）实验过程中，应维持异步电动机工作电压为额定电压值。

5. 计算

（1）绘制电动机工作特性曲线 $P_1 = f(P_2)$，$I_1 = f(P_2)$，$n = f(P_2)$，$\eta = f(P_2)$，$s = f(P_2)$，$P_1 = f(P_2)$，$\cos\varphi_1 = f(P_2)$。

（2）由实验数据计算相关参数，填入实验表 2-2-2 中。

工作特性数据计算：

相电流 $$I_1 = \frac{I_A + I_B + I_C}{3\sqrt{3}}$$

电动机输入功率 $\quad P_1 = P_{\text{I}} + P_{\text{II}}$（两只功率表读数之和）

转差率 $$s = \frac{s_0 - n}{s_0}$$

功率因数 $$\cos\varphi_1 = \frac{P_1}{3U_1 I_1}$$

电动机输出功率 $\quad P_2 = 0.105 M_{2\text{N}}$

效率 $$\eta = \frac{P_2}{P_1} \times 100\%$$

（3）由损耗分析法求额定负载时的效率。

电动机损耗有铁损耗 p_{Fe}、铜损耗（包括定子铜损耗 p_{Cu1} 和转子铜损耗 p_{Cu2}）、机械损耗 p_{mec} 和附加损耗 p_{ad}。

其中，铁损耗 $p_{\text{Fe}} = 3I_1^2 r_{\text{m}}$，定子铜损耗 $p_{\text{Cu1}} = 3I_1^2 r_1$，转子铜损耗 $p_{\text{Cu2}} = p_{\text{M}}S$。

r_1、r_{m} 参考本章实验一中数据，P_{M} 为电磁功率，$P_{\text{M}} = P_1 - p_{\text{Cu1}} - p_{\text{Fe}}$。

延长曲线的直线部分与纵轴相交于 P 点，P 点的纵坐标即为电动机的机械损耗 p_{mec}，过 P 点作平行于横轴的直线，可得不同的机械损耗 p_{mec}。

电动机的总损耗为

$$\sum p = p_{Fe} + p_{mec} + p_{Cu1} + p_{Cu2} + p_{ad}$$

于是求得额定负载时的效率为

$$\eta = \frac{P_1 - \sum p}{P_1} \times 100\%$$

前述公式中 P_1、I_A、I_B、I_C、n、U_1、M_{2N} 均取对应于额定功率 P_N 时的相应值。

（二）机械特性实验

1. 实验电路

三相异步电动机机械特性实验电路如图 2-2-2 所示，其中三相异步电动机额定电压为 220V。

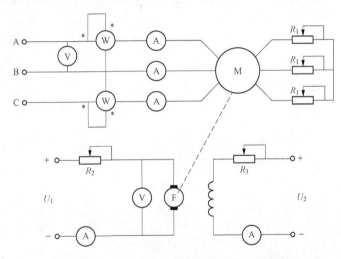

图 2-2-2　三相异步电动机机械特性实验电路图

2. 实验步骤

（1）通电前，将三相调压器、可调直流电源的输出电压调至零位；调节 R_1 和 R_2 至最大值，R_3 至最小值；确认交流电机和直流电机的转向（要求两电动机转向相反）。

（2）接通三相调压器电源，调节三相调压器使输出电压达到 220V，调节 R_1 至 0。

（3）接通可调直流电源，增加电枢电压，再减小 R_2，合理调节励磁电阻 R_3，在三相异步电动机定子电流不超过 0.7A 范围内测取 7 组数据，填入实验表 2-2-3 中。

（4）实验结束，将 R_1 和 R_2 值调至最大值，然后将 R_3 调至最小值，将三相调压器和可调直流电源电压恢复至零位。

3. 机械特性实验注意事项

（1）合上电源开关时应使三相调压器输出为零，否则可能有很大的启动电流。

（2）功率表要正确使用，注意接线与读数，两个功率表的读数 P_I、P_{II} 在正确接线的基础上不要改变读数符号。

（3）调节串、并联电阻时，要按电流的大小进行相应调节，防止电阻器因过电流而烧坏。

五、 实验报告要求

（1）写出实验目的；

（2）写出所用实验仪器的名称、规格、数量；

（3）画出实验电路图；

（4）写出实验过程，记录实验数据；

（5）根据记录数据画出三相异步电动机工作特性曲线。

六、 问题讨论

由空载、短路实验数据求取异步电动机的等效电路参数时，有哪些因素会引起误差？

第三章

直流电机参数检测与验证实验

一、 实验目的

(1) 掌握用实验方法测定直流他励发电机的空载特性、外特性、调整特性。

(2) 通过实验观察直流并励发电机的自励条件和自励过程。

(3) 了解直流复励发电机的基本特性。

二、 实验设备

具有保护功能的实验台，直流发电机 1 台，直流电动机 1 台，测功机 1 台，可变电阻箱 1 台，电枢调节电阻 1 台，磁场调节电阻 1 台，直流电压表 2 只，直流电流表 1 只，低功率因数功率表 1 只，直流电源 1 台。

三、 实验内容

(一) 直流他励发电机

1. 空载特性

保持 $n=n_N$ 和 $I=0$，测取 $U_0=f(I_f)$。

2. 外特性

保持 $n=n_N$ 和 $I_f=I_{fN}$，测取 $U=f(I)$。

3. 调整特性

保持 $n=n_N$ 和 $U=U_N$，测取 $I_f=f(I)$。

(二) 直流并励发电机

1. 自励条件测定

在发电机转速为额定转速的情况下，实验测定产生自励电压的励磁条件。

2. 外特性

实验检测发电机在额定转速与保持励磁电流不变时的情况下带负载的能力，即保持 $n=n_N$ 和 $R_f=$ 常值，测取 $U=f(I)$。

四、 实验步骤

实验用直流发电机额定参数 $P_N=100W$，$U_N=200V$，$I_N=0.5A$，$n_N=1600r/m$。

（一）直流他励发电机

直流他励发电机的空载特性、外特性及调整特性三个实验电路图均参考图 3-1-1。

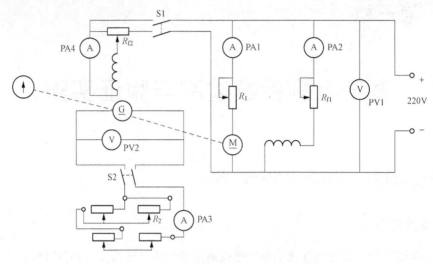

图 3-1-1　直流他励发电机实验电路图

1. 空载特性

（1）参照实验电路图 3-1-1 接线，打开开关 S1、S2，调节 R_{f2} 使输出电压最小，测功机旋钮旋至最小位置。

（2）接通 220V 直流电源开关，启动直流并励电动机（注意电动机转向要符合测功机加载要求）。调节直流并励电动机电枢电阻 R_1 到最小。

直流并励电动机输入电压为 220V，调节直流并励电动机励磁电阻 R_{f1}，使直流并励电动机转速达到额定值，并在以后整个实验过程中始终保持此额定转速不变。

（3）合上直流他励发电机励磁电源开关 S1，调节直流他励发电机励磁电阻 R_{f2}，使直流他励发电机空载电压 U_0 达 $1.25U_N$ 为止。

（4）在保持 $n=n_N$ 的条件下，从 $U_0=1.25U_N$ 开始，单方向调节励磁电阻 R_{f2}，使直流他励发电机励磁电流逐渐减小，直至 $I_{f2}=0$。在此期间，测取直流他励发电机的空载电压 U_0 和励磁电流 I_f，共取 7～8 组数据，记录于实验表 3-1-1 中。

（5）电压调至零，关闭电源，拆除实验电路。

2. 外特性

（1）在空载实验后，把直流他励发电机负载电阻 R_2 调至最大值，合上负载开关 S2。

（2）调节直流并励电动机的励磁电阻 R_{f1}、直流他励发电机的励磁电阻 R_{f2} 和负载电阻 R_2，使直流他励发电机的 $n=n_N$，$U=U_N$，$I=I_N$，该点为直流他励发电机的额定运行点，其励磁电流称为额定励磁电流 I_{fN}。

（3）在保持额定励磁电流不变的条件下，逐渐增加负载电阻 R_2，即减小直流他励发电机负载电流，直至空载状态。在此期间，测取直流他励发电机的端电压 U 和电流 I，共取 6～7 组数据，记录于实验表 3-1-2 中。其中，额定运行点和空载运行点（打开开关 S2）两点必测。

（4）电压调至零，关闭电源，拆除实验电路。

3. 调整特性

（1）同样在空载实验基础上，调节直流他励发电机的励磁电阻 R_{f2}，使直流他励发电机空载时达额定电压。

（2）在保持直流他励发电机转速 $n=n_N$ 条件下，合上负载开关 S2，调节负载电阻 R_2。

（3）逐渐增加直流他励发电机输出电流 I，同时相应调节直流他励发电机励磁电流 I_{f2}，使直流他励发电机端电压保持额定值 $U=U_N$。从直流他励发电机的空载至额定负载范围内测取直流他励发电机的输出电流 I 和励磁电流 I_f，共取 6～7 组数据记录于实验表 3-1-3 中。

（4）电压调至零，关闭电源，拆除实验电路。

（二）直流并励发电机

直流并励发电机自励条件和外特性实验均按图 3-1-2 接线。实验所需设备与直流他励发电机实验相同。量程选择除了 R_{f2} 阻值改为 1800Ω，其余同直流他励发电机实验。

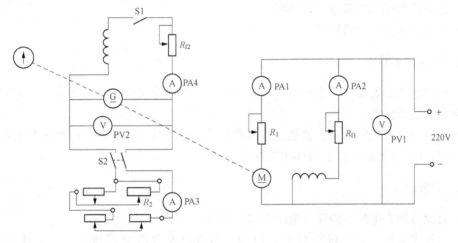

图 3-1-2　直流并励发电机实验电路图

1. 自励条件

实验用直流并励发电机的额定参数 $P_N=100W$，$U_N=200V$，$I_N=0.5A$，$n_N=1600r/m$。

（1）合上开关 S1，断开开关 S2，将直流并励发电机励磁电阻 R_{f2} 调至最大，接通 220V 电源，启动直流并励电动机，调节直流并励电动机的转速，使发电机转速 $n=n_N$，实验时要保持不变。

（2）观察改变直流并励发电机励磁回路中串联励磁电阻 R_{f2} 的大小对直流并励发电机端电压大小的影响。当 R_{f2} 为最大时直流并励发电机的电压应当很低，这说明直流并励发电机励磁回路的总电阻超过了临界电阻，直流并励发电机端电压仍然建立不起来。这时应逐渐减小 R_{f2}，在某一范围内改变 R_{f2} 时直流并励发电机的端电压变化最大，此时励磁回路的总电阻就是直流并励发电机的临界电阻值，可以根据直流并励发电机端电压和励磁电流的读数计算出来。

（3）满足自励条件后，直流并励发电机自励发电，调节 R_{f2} 使直流并励发电机端电压至额定电压，这时如果降低直流并励发电机的转速，直流并励发电机的端电压将下降。在某一转速范围内改变转速对端电压的影响最大，这个转速即发电机的临界转速。转速的改变由直流并励发电机电枢电阻和励磁电阻的改变来实现。

2. 外特性

(1) 在直流并励发电机自励建压后，调节负载电阻R_2到最大，合上负载开关 S2。

(2) 同时调节直流并励电动机的励磁电阻R_{f1}、直流并励发电机的励磁电阻R_{f2}和负载电阻R_2，使直流并励发电机 $n＝n_N$，$U＝U_N$，$I＝I_N$。

(3) 在保持此时R_{f2}的值和 $n＝n_N$不变的条件下，逐步减小负载（即增大电阻R_2），直至 $I＝0$。从额定运行到空载运行范围内测取直流并励发电机的电压 U 和电流 I，共取 6～7 组数据，记录于实验表 3‑1‑4 中。其中，额定运行点和空载运行点两点必测。

(4) 电压调至零，关闭电源，拆除实验电路。

3. 实验注意事项

(1) 调节励磁电流 I_f时应保持单纯的递减或递增，励磁电流的忽增忽减会使曲线出现磁滞小回环，影响实验数据。

(2) 额定运行点和空载运行点必测。

(3) 严防导线缠绕电机转轴。

五、 实验报告要求

(1) 根据空载实验数据，作出空载特性曲线，由空载特性曲线计算被试直流发电机饱和系数和剩磁电压百分数。

(2) 在同一张纸上绘出直流他励、并励发电机的特性曲线，分别计算出两种励磁方式的电压变化率 Δu，并分析它们之间存在的差别。

六、 思考题

(1) 直流并励发电机不能建立电压有哪些原因？

(2) 直流发电机—电动机组成的机组中，当直流发电机负载增加时，为什么转速会变低？

实验二　直流他励电动机特性测定

一、实验目的

(1) 了解掌握直流他励电动机启动的基本要求。

(2) 掌握用实验方法测取直流他励电动机的工作特性。

(3) 了解直流他励电动机的调速方法。

二、实验设备

具有保护功能的试验台，直流他励电动机 1 台，电位器 4 只，测功机 1 台，直流电压表 1 只，直流电流表 3 只，低压开关若干。

三、实验内容

(一) 直流他励电动机工作特性实验

(1) 在额定电压与额定励磁电流的条件下，测定直流他励电动机的工作特性。工作特性中有转速特性 $n=f(I_a)$、转矩特性 $M=f(I_a)$ 和效率特性 $\eta=f(I_a)$。

(2) 启动性能和调速性能也是直流他励电动机的主要指标。启动时要求启动转矩大，启动电流小。当直流他励电动机启动时，$n=0$，反电动势 $E_a=0$，这样 $U=I_aR_a$（I_a 为电枢绕组电流，R_a 为电枢绕组电阻），R_a 通常很小，所以启动电流很大，因此必须在电枢回路串入适当的电阻（称启动电阻）限制启动电流，等直流他励电动机启动转速稳定后，将启动电阻调至零，因为直流他励电动机一旦运转，电枢绕组将产生感应电动势（反电动势）。

＊(二) 直流他励电动机调速实验

调速性能一般要求直流他励电动机能平滑调速，且调速范围要大。直流他励电动机调速方法有三种：

(1) 改变电枢端电压的调速（电枢串电阻），转速只能在原有的基础上下降。

(2) 调节电源电压，转速可升可降，但要有专用直流可调电源。

(3) 改变励磁电流的调速，即改变磁通，转速只能在原有基础上上升。

四、实验方法与步骤

(一) 直流他励电动机工作特性实验

1. 实验电路

直流他励电动机实验电路如图 3-2-1 所示。直流他励电动机的电枢绕组和励磁绕组分别由两个电源供电。电位器 R_1 控制电动机励磁电流大小；电位器 R_2 与直流他励电动机电枢绕组串联，可控制电枢绕组两端的电压大小；电位器 R_3 控制直流发电机励磁电流，电位器 R_4 为直流发电机所带负载。本实验中，直流发电机与直流他励电动机同轴连接，作为直

注：本实验中仪表的选择请参照第一章的实验一。

流他励电动机的负载。

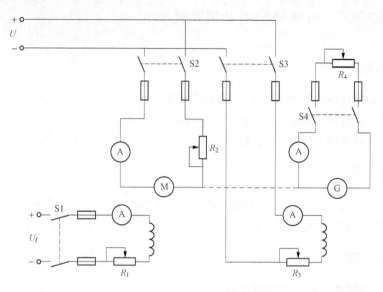

图 3-2-1　直流他励电动机实验电路图

2. 实验步骤

（1）按照图 3-2-1 实验电路连接完成，将 R_2 调节为最大值，将 R_1 调节为最小值，此时励磁电流最大，合上开关 S2、S1，启动直流他励电动机。

（2）启动后，将 R_2 调节为最小值，然后调节 R_1，使直流他励电动机转速达到额定转速。

（3）合上开关 S3，调节 R_3，使直流发电机所加励磁电流为直流发电机额定励磁电流值。直流发电机建立正常电压后，调节 R_4 为最大值，合上开关 S4，使直流发电机带上负载。

（4）逐步调节 R_4，这样可使直流他励电动机所带的负载不断增加，同时调节 R_1，直至直流他励电动机运行至额定工作点，即电压、电流、转速均为额定值，此时励磁电流即为额定励磁电流 I_{fN}。之后，在整个负载实验过程中，直流他励电动机的励磁电流保持不变。

（5）逐步调节 R_4，减少直流他励发电机回路电流，做直流他励电动机的负载实验。从额定负载逐渐调节为空载，共测取 7 组数据，记录于实验表 3-2-1。

（6）电压调至零，关闭电源，拆除实验电路。

＊（二）直流他励电动机调速实验

直流他励电动机调速实验电路图同图 3-2-1。

1. 改变电枢回路电阻调速

（1）启动直流他励电动机。实验条件为 $U=U_N$，$I_f=I_{fN}$；具体启动方法如前所述。

（2）在调速过程中直流他励电动机带一个恒转矩的负载。在整个调速过程中，保持直流发电机的励磁电流与电枢电流均不变，即调节直流发电机励磁回路电阻 R_3 使直流发电机励磁电流为其额定励磁电流；调节直流发电机负载电阻 R_4，选择直流发电机负载电流为某个固定数值。

（3）将直流他励电动机电枢回路电阻 R_2 从零开始逐渐增加，当 R_2 发生变化时，转速发生变化，使发电机的感应电动势发生变化，此时必须调节一下 R_4，才能使直流发电机负载电流仍维持为原先的数值。测量转速，记录对应的转速与电阻 R_2 于实验表 3-2-3（共测 5 组数据）。

（4）电压调至零，关闭电源，拆除实验电路。

2. 改变电压调速

（1）启动直流他励电动机。实验条件为：$I_f = I_{fN}$；电枢回路不串联电阻，即 $R_2 = 0$；直流他励电动机带一个恒转矩的负载。具体启动方法如前所述。

（2）调节电源电压，电压从额定值往下调节，测量电源电压与转速，共测 5 组数据，记录于实验表 3-2-4。

（3）电压调至零，关闭电源，拆除实验电路。

3. 改变励磁电流调速

（1）启动直流他励电动机。实验条件为：$U = U_N$；电枢回路不串联电阻，即 $R_2 = 0$；直流他励电动机带一个恒转矩的负载。具体启动方法如前所述。

（2）调节电位器 R_1，即调节直流他励电动机的励磁电流 I_f。当 R_1 由小变大时，I_f 由大变小。测 5 组数据，记录于实验表 3-2-5。注意，直流他励电动机的最高转速不超过 $1.2n_N$。

（3）电压调至零，关闭电源，拆除实验电路。

五、 实验报告要求

1. 在直角坐标纸上绘制特性曲线

（1）转速特性 $n = f(I_a)$；

（2）转矩特性 $M = f(I_a)$；

（3）效率特性 $\eta = f(I_a)$。

2. 说明

本实验中直流他励电动机的负载可以是直流发电机，也可以是涡流闸、测功机等。如果负载是涡流闸或测功机，则直流他励电动机的输出转矩 M_2 可以直接读取。如果用直流电动机—发电机组来测直流他励电动机的工作特性，则计算工作量较大。下面以图 3-2-1 实验电路为例，对如何求得工作特性作一些说明。

（1）直流他励电动机的电枢回路电阻 R_a 由实验室给出。如果没有给出，则需要测量，并折合为 75℃ 时的值，折算公式为

$$R_{a75℃} = \frac{234.5 + 75}{234.5 + Q} R_{aQ℃}$$

式中：Q 为环境温度。

（2）如果不知道直流他励电动机的空载损耗曲线 $p_0 = f(n)$，则需求出 p_0。由于直流他励电动机从空载到满载速度变化不是很大，所以可以近似地认为空载损耗 p_0 不变。

p_0 计算方法：直流他励电动机启动后，加额定电压 U_N 与额定励磁电流 I_{fN}，直流发电机也加额定励磁电流，但空载（即断开开关 S4）。由于同轴的两台电机容量、体积差不多，所以可以近似地认为它们的空载损耗相等，并且为常数。当直流发电机空载时，电动机的输入功率近似等于两台电机的空载损耗之和（因为这时直流他励电动机的电枢铜耗很小可忽略不

计），即 $P_1 = p_{0G} + p_{0M} = 2p_0$（其中 P_1 为电动机的输入功率，p_{0M} 为直流他励电动机的空载损耗，p_{0G} 为发电机的空载损耗，p_0 为电动机空载损耗，可以视为平均损耗）。所以，$p_0 = \frac{1}{2}P_1 = \frac{1}{2}U_N I_{a0}$。

（3）直流他励电动机的输出功率 P_2 可以根据输入功率 P_1 减去直流他励电动机的全部损耗求得。其中 $P_1 = U_N I_a$，全部损耗 $\sum p = p_{Cua} + p_0 = R_{a75℃} I_a^2 + p_0$。

（4）直流他励电动机的电磁转矩为

$$M = \frac{P_M}{\Omega} = \frac{P_1 - p_{Cua}}{2\pi n}60$$

工作特性的各点参数填入实验表 3-2-2。

六、 实验注意事项

（1）直流他励电动机的额定励磁电流需通过实验确定。

（2）如用直流发电机作直流他励电动机的负载，则工作特性中只有转速特性 $n = f(I_a)$ 是实测的，而转矩特性 $M = f(I_a)$ 和效率特性 $\eta = f(I_a)$ 需根据实验数据计算才能得到。

（3）测直流他励电动机的空载损耗 p_{0M} 时，发电机空载，但应加上额定励磁电流。只有这样，直流他励电动机的空载损耗与同轴发电机的空载损耗才近似相等。

（4）直流发电机负载电压不要超过其额定值。

（5）在做改变励磁电流调速实验时，最高转速不要超过 $1.2n_N$，以免损坏直流他励电动机。

七、 问题讨论

（1）直流他励电动机的转速特性为什么是一条下斜的直线？当电枢电流增大时，有上翘现象吗？为什么？

（2）直流他励电动机的空载损耗 p_0 取决于哪些因素？为什么在本实验中可近似认为 p_0 不变？

（3）为什么他励直流电动机的转矩特性 $M = f(I)$ 是一条直线？此直线通过坐标原点吗？为什么？

（4）为什么当直流他励电动机的电枢电流太大时效率反而降低了？

（5）为什么当负载转矩基本不变时，增大电枢回路电阻 R_2 或降低电源电压 U 会使直流他励电动机的转速降低？而减小励磁电流时能使转速上升？如何从物理概念上来理解？

实验三　直流并励电动机特性测定

一、实验目的

(1) 掌握直流并励电动机启动的基本要求。

(2) 掌握用实验方法测取直流并励电动机的工作特性。

(3) 掌握直流并励电动机的调速方法。

二、实验设备

具有保护功能的实验台，直流并励电动机 1 台，电位器 2 只，直流电压表 1 只，可调直流电源 1 台，直流电流表 2 只，刀开关若干。

三、实验原理

(一) 直流并励电动机工作特性实验

(1) 在额定电压与额定励磁电流的条件下，测定直流并励电动机的工作特性。

(2) 工作特性中有转速特性 $n=f(I_a)$，转矩特性 $M=f(I_a)$ 和效率特性 $\eta=f(I_a)$。

启动性能和调速性能也是直流并励电动机的主要指标。启动时要求启动转矩大，启动电流小。当直流并励电动机启动时 $n=0$，反电动势 $E_a=0$，这样 $U=I_aR_a$（I_a 为电枢绕组电流，R_a 为电枢绕组电阻），R_a 通常很小，所以启动电流很大，因此必须在电枢回路串入适当的电阻（称启动电阻）限制启动电流，待直流并励启动转速稳定后，将启动电阻调至零，因为直流并励电动机一旦运转，电枢绕组将产生感应电动势（反电动势）。

(二) 直流并励电动机调速实验

调速性能一般要求电动机能平滑调速，且调速范围要大。直流并励电动机调速方法有三种：

(1) 通过改变电枢端电压来调速（电枢串电阻），转速只能在原有的基础上下降。

(2) 调电源电压，转速可升可降，但要有专用直流可调电源。

(3) 改变励磁电流的调速，即改变磁通，转速只能在原有基础上上升。

四、实验方法与步骤

(一) 直流并励电动机工作特性实验

1. 实验电路

实验电路图如图 3-3-1 所示。直流并励电动机的电枢绕组和励磁绕组由同一个电源供电。励磁电阻 R_f 控制直流并励电动机励磁电流大小，电位器 R_1 与直流并励电动机电枢绕组串联，可控制电枢绕组两端的电压大小。本实验选用了测功机与直流并励电动机同轴连接，作为直流并励电动机的负载。

注：本实验中仪表的选择请参照第一章的实验一。

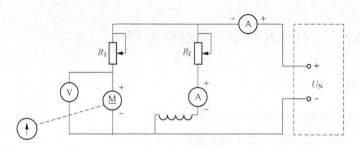

图 3-3-1　直流并励电动机工作特性实验电路图

2. 实验步骤

(1) 启动。按照图 3-3-1 实验电路连接完成，将 R_1 调节为最大值，R_f 调节为最小值，此时励磁电流为最大，接通电源开关，启动直流并励电动机。

(2) 启动后，将 R_1 调节为最小值，然后调节 R_f，使直流并励电动机转速到额定转速。

(3) 调节测功机的负载旋钮和直流并励电动机励磁电阻 R_f，使直流并励电动机运行在额定状态，即 $U=U_N$，$I=I_N$，$n=n_N$，此时励磁电流即为额定励磁电流 I_{fN}。

(4) 此后，在整个负载实验过程中，直流并励电动机的励磁电流保持不变。

(5) 逐步调节测功机的加载旋钮，减少直流并励电动机的负载，做直流电动机的负载实验，从额定负载做到空载，共测取 7 组数据，记录于实验表 3-3-1。

(6) 电压调至零，关闭电源，拆除实验电路。

＊(二) 并励直流电动机调速实验

实验电路图同图 3-3-1。

1. 直流并励电动机改变电枢回路电阻调速

(1) 启动直流并励电动机。实验条件为 $U=U_N$，$I_f=I_{fN}$，具体启动方法如前所述。

(2) 在调速过程中直流并励电动机带一个恒转矩的负载。在整个调速过程中，保持测功机转矩为某个固定值，建议保持为直流并励电动机电流为 $0.5I_N$ 时的测功机转矩值。

(3) 将直流并励电动机电枢回路电阻 R_1 从零开始逐渐增加，当 R_1 发生变化时，转速发生变化，测量转速，记录对应的转速与电阻 R_2。测 5 组数据，记录于实验表 3-3-2。

(4) 电压调至零，关闭电源，拆除实验电路。

2. 直流并励电动机改变电压调速

(1) 启动直流并励电动机。实验条件为：$I_f=I_{fN}$；电枢回路不串联电阻，即 $R_1=0$；直流并励电动机带一个恒转矩的负载，方法如前所述。

(2) 调节电源电压，电压从额定值往下调节，测量电源电压与转速。测 5 组数据，记录于实验表 3-3-3。

(3) 电压调至零，关闭电源，拆除实验电路。

3. 直流并励电动机改变励磁电流调速

(1) 启动直流并励电动机。实验条件为：$U=U_N$；电枢回路不串联电阻，即 $R_1=0$；直流并励电动机带一个恒转矩的负载，方法如前所述。

(2) 调节励磁电阻 R_f 即调节直流并励电动机的励磁电流 I_f。当 R_f 由小变大时，I_f 由大变小。测 5 组数据，数据记录于实验表 3-3-4。注意，直流并励电动机的最高转速不要超

过 $1.2n_N$。

（3）电压调至零，关闭电源，拆除实验电路。

五、 实验报告要求

1. 用直角坐标纸画出下列特性曲线

（1）转速特性 $n=f(I_a)$；

（2）转矩特性 $M=f(I_a)$；

（3）效率特性 $\eta=f(I_a)$。

2. 说明

本实验中直流并励电动机的负载可以是直流发电机，也可以是涡流闸、测功机等。本实验负载是测功机，因此直流并励电动机的输出转矩 M_2 可以直接读得。

（1）直流并励电动机的电枢回路电阻 R_a 由实验室给出。如果没有给出，则需要测量，并折合为 75℃ 时的值。折合公式为

$$R_{a75℃}=\frac{234.5+75}{234.5+Q}R_{aQ℃}$$

式中：Q 为环境温度。

（2）如果不知道直流并励电动机的空载损耗曲线 $p_0=f(n)$，则需求出 p_0。由于直流并励电动机从空载到满载速度变化不是很大，所以可以近似认为空载损耗 p_0 不变。

3. 计算

（1）直流并励电动机输出功率 $P_2=0.105\,M_2n$；

（2）直流并励电动机输入功率 $P_1=UI$；

（3）直流并励电动机效率 $\eta=\dfrac{P_2}{P_1}$；

（4）直流并励电动机电枢电流 $I_a=I-I_f$；

（5）电枢损耗 $p_{Cua}=R_{a75℃}I_a^2$；

（6）直流并励电动机的电磁转矩 $M=\dfrac{P_M}{\Omega}=\dfrac{P_1-p_{Cua}}{2\pi n}60$。

六、 实验注意事项

（1）直流并励电动机的额定励磁电流需通过实验确定。

（2）直流并励电动机启动前，测功机负载旋钮调至零。实验做完也要将测功机负载旋钮调到零，否则直流并励电动机启动时，测功机转矩盘指针会受到冲击。

（3）在做改变励磁电流调速实验时，最高转速不要超过 $1.2n_N$，以免损坏电动机。

（4）从测功机端观察直流并励电动机转向，若转速反向，测功机加载时，无转矩值读数。

七、 问题讨论

（1）直流并励电动机的转速特性 $n=f(I_a)$ 为什么是略微下降？是否会出现上翘现象？为什么？上翘的转速特性对电动机运行有何影响？

（2）当直流并励电动机的负载转矩和励磁电流不变时，降低电枢端压，为什么会引起直

流并励电动机转速降低?

（3） 当直流并励电动机的负载转矩和电枢端电压不变时，减小励磁电流会引起转速的升高，为什么?

（4） 直流并励电动机在负载运行中，当磁场回路断线时是否一定会出现"飞速"? 为什么?

实验四　直流串励电动机特性测定

一、实验目的

（1）掌握用实验方法测取直流串励电动机的工作特性和机械特性。

（2）了解并掌握直流串励电动机的启动、调速和改变转向的方法。

二、实验设备

具有保护功能的实验台，直流串励电动机1台，电位器2只，直流电压表2只，直流电流表2只，刀开关若干。

三、实验内容

（一）直流串励电动机工作特性和机械特性

在保持 $U = U_N$ 的条件下，测取 $n = f(I_a)$、$M_2 = f(I_a)$、$n = f(I_a)$ 以及 $n = f(M_2)$。

（二）直流串励电动机人为机械特性

保持 $U = U_N$ 和电枢回路串入电阻 R_1 为常值的条件下，测取 $n = f(M_2)$。

（三）直流串励电动机调速特性

1. 电枢回路串电阻调速

保持 $U = U_N$ 和 $M_2 =$ 常值的条件下，测取 $n = f(U_a)$。

2. 磁场绕组并联电阻调速

保持 $U = U_N$、$M_2 =$ 常值及 $R_1 = 0$ 的条件下，测取 $n = I(f)$。

四、实验方法与步骤

（一）实验电路

实验电路图如图 3-4-1 所示。电位器 R_1 串联在电动机绕组回路中，可控制电动机回路电流。电位器 R_2 通过开关与励磁绕组并联，可控制电动机励磁电流大小。本实验选用了测功机与电动机同轴连接，作为电动机的负载。

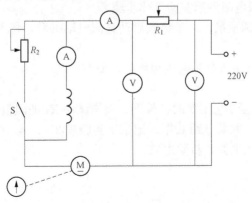

图 3-4-1　直流串励电动机工作特性实验电路图

（二）实验步骤

1. 直流串励电动机工作特性和机械特性

实验电路如图 3 - 4 - 1 所示，具体步骤如下：

（1）按照图 3 - 4 - 1 所示电路接好线，串励电动机不允许空载启动，所以将测功机负载旋钮沿顺时针方向旋转至满负载的 10% 左右。开关 S 在保持断开的情况下，将电阻 R_1 调到最大，接通电源启动电动机，并观察电动机是否为正转。

（2）启动后，调节 R_1，使之为最小值。

（3）调节直流电源的调压旋钮和测功机的负载旋钮，使电动机的电枢电压 $U_1 = U_N$，电流 $I = 1.2 I_N$。

（4）在保持 $U_1 = U_N$ 的条件下，逐次减小负载直至 $n \leqslant 1.5 n_N$ 为止，每次测取 I、n、M_2，共取 5～6 组数据，记录于实验表 3 - 4 - 1。

（5）关闭电源，拆除电路。

2. 直流串励电动机电枢串联电阻后的人为机械特性

实验电路如图 3 - 4 - 1 所示，具体步骤如下：

（1）按照图 3 - 4 - 1 所示电路接好线，电动机带负载启动，开关 S 在保持断开的情况下，将电阻 R_1 调到最大，接通电源启动电动机，并观察电动机是否为正转。

（2）启动后，调节 R_1、直流电源的调压旋钮和测功机的负载旋钮，使电源电压为串励电动机的额定电压，电枢电流 $I = I_N$，转速 $n = 0.8 n_N$。

（3）保持此时的 R_1、$U_1 = U_N$，调节测功机的负载旋钮，逐渐减小电动机的负载，直至 $n \leqslant 1.5 n_N$ 为止。每次测取 I、n、M_2，共取 5～6 组数据，记录于实验表 3 - 4 - 2。

（4）关闭电源，拆除电路。

﹡3. 直流串励电动机调速实验

实验电路如图 3 - 4 - 1 所示，该实验分电枢回路串联电阻调速和励磁绕组并联电阻调速两种。

（1）电枢回路串电阻调速实验具体步骤：

1）带负载启动直流电动机，将 R_1 调至零。（启动具体方法参见本章实验三）

2）同时调节电源电压和负载，使 $U = U_N$，$I \approx I_N$，记下电动机此时的 I、n、M_2。

3）在保持 $U = U_N$ 以及 M_2 不变的条件下，逐渐增加 R_1 的阻值，测 I、n、U_1。测 5 组数据，记录于实验表 3 - 4 - 3。

4）电压调至零，关闭电源，拆除电路。

﹡（2）励磁绕组并联电阻调速实验具体步骤：

1）打开开关 S，R_2 调至最大，带负载启动直流电动机后，将 R_1 调至零。（启动具体方法参见本章实验三）

2）合上开关 S。同时调节电源电压和负载，使 $U = U_N$，$M_2 = 0.8 M_N$，记录此时电动的 I_f、n、M_2。

3）在保持 $U = U_N$ 以及 M_2 不变的条件下，逐渐减小 R_2 的阻值，注意不能短接，直至 $n \leqslant 1.5 n_N$，测取 I_f、n、I，共取 5 组数据，记录于实验表 3 - 4 - 4。

4）电压调至零，关闭电源，拆除电路。

五、 实验报告要求

（1）绘出直流串励电动机的工作特性曲线 $n = f(I_2)$，$M_2 = f(I_2)$，$\eta = f(I_2)$。

（2）在同一张坐标纸上绘出直流串励电动机的机械特性和人为机械特性。

（3）绘出串励电动机恒转矩两种调速的特性曲线。试分析在 $U=U_N$ 和 M_2 不变的条件下调速时的电枢电流变化规律。比较两种调速方法的优缺点。

六、 问题讨论

（1）串励电动机为什么不允许空载启动和轻载启动？

（2）励磁绕组并联电阻调速时，为什么不允许并联电阻调至零？

第四章

电动机控制综合实验

实验一　三相异步电动机点动和长动控制实验（继电器—接触器）

一、实验目的

（1）掌握三相异步电动机的点动电路以及连线步骤。

（2）掌握三相异步电动机的长动电路以及连线步骤。

（3）掌握三相异步电动机的连续点动混合控制的正转控制电路以及连线步骤。

二、实验设备

具有保护功能的实验台，三相异步电动机1台，低压开关1个，交流接触器1台，熔断器3个，按钮若干，导线若干。

三、实验内容

（一）三相异步电动机的点动控制实验

1. 实验电路

如图4-1-1所示，三相异步电动机点动控制实验电路是用按钮、接触器来控制三相异步电动机运转的最简单的正转控制电路。所谓点动控制是指，按下按钮，三相异步电动机就得电运转；松开按钮，三相异步电动机就失电停转。

2. 实验步骤

（1）按照三相异步电动机点动控制实验电路图连接电路。

（2）接通电源，调节三相调压器将电压调至220V。

（3）按下启动按钮SB，交流接触器线圈得电，交流接触器主触点闭合，三相异步电动机启动运转。

（4）松开启动按钮，交流接触器线圈失电，交流接触器主触点断开，三相异步

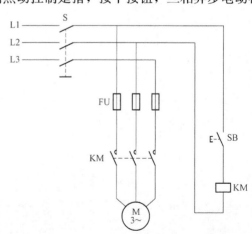

图4-1-1　三相异步电动机点动控制实验电路图

电动机停止运转。

（5）实验结束，关闭电源。

（二）三相异步电动机的长动控制实验

1. 实验电路

三相异步电动机的长动控制实验电路图如图 4-1-2 所示。为实现三相异步电动机的连续运转，控制电路中又串接了一个停止按钮 SB2，在启动按钮 SB1 的两端并联接触器 KM 的一对动合辅助触点。

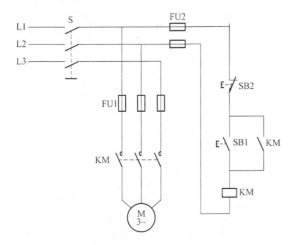

图 4-1-2　三相异步电动机长动控制电路图

2. 实验步骤

（1）按照三相异步电动机长动控制实验电路图连接电路。

（2）接通电源，调节三相调压器将电压调至 220V。

（3）按下启动按钮 SB1，交流接触器线圈得电，交流接触器主触点、辅助动合触点闭合，三相异步电动机连续运转。

（4）当松开 SB1，其动合触点恢复分断后，因为交流接触器 KM 的辅助动合触点闭合时已将 SB1 短接，控制电路仍保持接通，所以交流接触器 KM 继续

得电，三相异步电动机 M 实现连续运转。松开启动按钮 SB1 后，交流接触器 KM 通过自身辅助动合触点而使线圈保持得电的作用称为自锁（或自保）。与启动按钮 SB1 并联、起自锁作用的 KM 辅助动合触点称为自锁触点（或自保触点）。

（5）按下停止按钮 SB2，交流接触器线圈失电，交流接触器主触点、辅助动合触点断开，三相异步电动机停止转动。

（6）当松开 SB2，其动断触点恢复闭合后，因交流接触器的自锁触点在切断控制电路时已经断开，解除了自锁，SB1 也是断开的，所以交流接触器不能得电，三相异步电动机也不会运转。

（三）实验注意事项

（1）做实验时要注意人身安全，严禁带电更换接线。

（2）严防导线缠绕三相异步电动机转轴。

四、 实验报告要求

（1）根据实验画出三相异步电动机点动和长动控制电路图。

（2）写出工作原理并进行分析。

五、 问题讨论

（1）什么是自锁触点，在控制电路中的作用是什么？

（2）连接三相异步电动机点动控制电路中启动按钮的指示灯，要求三相异步电动机启动

时启动按钮的指示灯长亮。

（3）连接三相异步电动机长动控制电路中启动按钮和停止按钮的指示灯，要求三相异步电动机启动运行时启动按钮的指示灯长亮，当三相异步电动机停止运转时，停止按停止按钮的指示灯长亮。

实验二　三相异步电动机正反转控制实验（继电器—接触器）

一、实验目的

（1）掌握三相异步电动机的接触器互锁正反转控制电路以及连线步骤。
（2）掌握三相异步电动机的按钮接触器双重联锁正反转控制电路以及连线步骤。

二、实验设备

具有保护功能的实验台，三相异步电动机 1 台，低压开关 1 个，交流接触器 2 台，熔断器 5 只，热继电器 1 个，按钮若干，导线若干。

三、实验内容

（一）三相异步电动机的接触器互锁正反转控制电路

1. 实验电路

三相异步电动机接触器互锁正反转控制实验电路如图 4 - 2 - 1 所示。电路中采用了两个接触器，即正转接触器 KM1 和反转接触器 KM2，它们分别由正转按钮 SB1 和反转按钮 SB2 控制。从主电路中可以看出，这两个接触器的主触点所接通的电源相序不同，KM1 按 L1—L2—L3 相序接线。KM2 则对调了两相的相序，按 L3—L2—L1 相序接线。相应的控制电路有两条，一条是由按钮 SB1 和 KM1 线圈等组成的正转控制电路，另一条是由按钮 SB2 和 KM2 线圈等组成的反转控制电路。

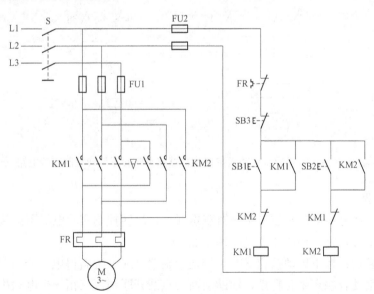

图 4 - 2 - 1　三相异步电动机的接触器互锁正反转控制实验电路图

2. 实验步骤

（1）按照三相异步电动机接触器互锁正反转控制实验电路图连接电路。

（2）接通电源，调节三相调压器将电压调至 220V。

（3）正转控制：按下启动按钮 SB1，交流接触器 KM1 线圈得电，交流接触器 KM1 主触点闭合，辅助动合触点闭合自锁，辅助动断触点断开联锁，三相异步电动机正转。

（4）反转控制：按下启动按钮 SB2，交流接触器 KM2 线圈得电，交流接触器 KM2 主触点闭合，辅助动合触点闭合自锁，辅助动断触点断开联锁，三相异步电动机反转。

（5）停止时，按下停止按钮 SB3，交流接触器 KM1（KM2）线圈失电。交流接触器 KM1（KM2）主触点分断，辅助动合触点断开，辅助动断触点闭合，三相异步电动机停止运转。

（二）三相异步电动机的按钮接触器双重联锁正反转控制电路

1. 实验电路

由前面的实验分析可知，继电器—接触器联锁控制正反转电路的优点是工作安全可靠，缺点是操作不便。因三相异步电动机从正转变为反转时，必须先按下停止按钮后才能按反转启动按钮。为克服这种电路的不足，应采用按钮联锁或按钮接触器双重联锁的正反转控制电路。三相异步电动机的按钮接触器双重联锁正反转控制实验电路图如图 4-2-2 所示。

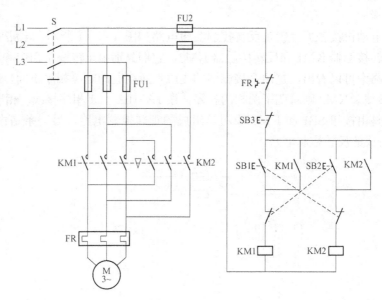

图 4-2-2　三相异步电动机按钮接触器双重联锁正反转控制实验电路图

2. 实验步骤

（1）按照三相异步电动机按钮接触器双重联锁正反转控制实验电路图连接电路。

（2）接通电源，将三相调压器电压调至 220V。

（3）正转控制：按下启动按钮 SB1，交流接触器 KM1 线圈得电，交流接触器 KM1 主触点闭合，辅助动合触点闭合自锁，辅助动断触点断开联锁，三相异步电动机正转。

（4）反转控制：按下启动按钮 SB2，SB2 动断触点分断，交流接触器 KM1 线圈失电，交流接触器 KM1 辅助动断触点闭合，解除对交流接触器 KM2 的联锁，交流接触器 KM2 线圈得电，KM2 主触点闭合，辅助动合触点闭合自锁，辅助动断触点断开联锁，三相异步电动机反转。

（5）停止时，按下停止按钮 SB3，交流接触器 KM1（KM2）线圈失电。交流接触器 KM1（KM2）主触点分断，辅助动合触点断开，辅助动断触点闭合，三相异步电动机停止运转。

（三）实验注意事项

（1）做实验时要注意人身安全，严禁带电更换接路。

（2）严防导线缠绕三相异步电动机转轴。

（3）交流接触器 KM1 和 KM2 的主触点不允许同时闭合，否则将造成两相电源（L1 相 L3 相）短路事故。

四、实验报告要求

（1）根据实验画出三相异步电动机正反转控制实验电路图。

（2）写出工作原理并进行分析。

五、问题讨论

（1）什么是互锁触点，在控制电路中的作用是什么？

（2）连接正转启动按钮指示灯、反转启动按钮指示灯、停止按钮指示灯，要求在三相异步电动机正转时正转启动按钮指示灯长亮，在三相异步电动机反转时反转按钮指示灯长亮，在三相异步电动机停止时停止按钮指示灯长亮。

实验三　基于 PLC 的三相异步电动机的小车自动往返控制实验

一、实验目的

（1）了解并掌握 PLC 的输入输出接口与基本接线方法。

（2）掌握 PLC 的程序编写方法。

（3）掌握 PLC 程序的下载与上传。

（4）学习根据三相异步电动机控制要求设计 PLC 控制电路与软件编程，掌握其接线方法与软硬件调试。

二、实验设备

PLC 1 台、三相异步电动机 1 台、交流接触器 2 只、热继电器 1 只、熔断器 4 只、按钮 2 个。

三、实验内容

（一）PLC 软件编程与仿真

（1）本实验使用三菱 PLC，编程软件为 GX Works2。

（2）编写一段程序，要求实现三相异步电动机的正反转控制。

具体控制要求为：按下正转启动按钮，三相异步电动机正转运行；按下停止按钮，三相异步电动机停转；按下反转启动按钮，三相异步电动机反转运行。

（3）编写一段程序，要求实现小车的自动往返。

具体控制要求为：见图 4-3-1，按下启动按钮，小车自左限位出发，向右行驶，至右限位，停车，翻门打开，装料，停留 7s；7s 后小车自右限位出发，向左行驶，至左限位，停车，底门打开，卸料，时间为 5s；5s 后再次向右行驶，循环往复。按下停止按钮，小车在卸料后系统装置工作停止。小车由三相异步电机带动，要求三相异步电动机有热过载保护，并在过载复位后继续运行。

（4）将编写好的程序进行仿真运行，观察仿真结果。

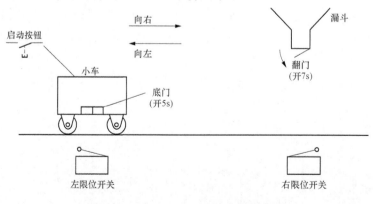

图 4-3-1　小车自动往返运动示意图

＊（二）基于 PLC 的小车自动往返控制电路连接与软硬件调试实验

（1）控制要求如前所述，选择 PLC 型号，设计硬件接线图，连接设计的电路。

（2）完成上位机与 PLC 的通信连接，将前面仿真运行好的程序下载至 PLC 中。

（3）根据控制要求运行调试硬件，在监视模式下调试，观察软硬件的运行状态。

四、 实验方法与步骤

（一）PLC 软件编程与仿真实验

1. 软件操作

双击鼠标左键，打开软件，此时软件初始界面见图 4 - 3 - 2。鼠标左键单击菜单栏"工程"，再单击"新建工程"后，弹出"新建工程"窗口，见图 4 - 3 - 3，选择工程类型、PLC 系列、PLC 类型、程序语言。这里的 PLC 系列、PLC 类型需要和实验室选用 PLC 硬件类型匹配，否则在仿真运行后无法下载。

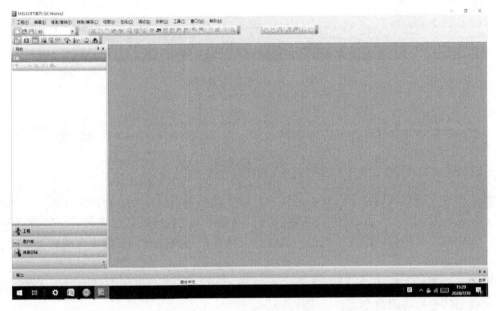

图 4 - 3 - 2　软件初始界面

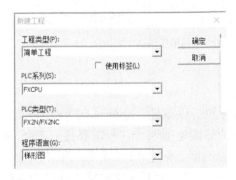

图 4 - 3 - 3　新建工程窗口

新建工程中的每个选项确认后，单击图 4 - 3 - 3 中右上角"确定"，进入程序编辑，见图 4 - 3 - 4。图中的矩形表示编辑光标，此时可以进行程序的编辑。可以直接输入梯形图语言编程，也可以选择元件绘制梯形图。在第二行工具栏，可以选择需要编辑的元件，见图 4 - 3 - 5，从左往右依次为动合触点、并联动合触点、动断触点、并联动断触点、输出线圈、功能指令、横线、竖线、横线删除、竖线删除、上升沿脉冲、下降沿脉冲、并联上升沿脉冲、并联下降沿脉冲等。

图 4-3-4　程序编辑画面

图 4-3-5　编程元件工具

如果出现不能编辑的状态，查看是否在只读模式，单击第二行工具栏的"写入"模式选为写入模式，见图 4-3-6，从左往右依次为只读模式、写入模式、监视模式、监视（写入）模式。本软件工具栏其他图标没有说明功能的，可在使用软件时将鼠标放在图标上，会直接显示该图标功能。

单击元件图标，出现梯形图输入窗口，见图 4-3-7，在后面的空格中输入元件的地址编号，前面的空格可以改变元件。

图 4-3-6　软件模式选择　　　　图 4-3-7　梯形图输入

2. 三相异步电动机正反转控制

程序的编写必须在确定 I/O 地址编号后。

（1）I/O 地址编号确定。根据控制要求，确定需要的 I/O 地址。分析正反转控制要求，有正转启动按钮、反转启动按钮、停止按钮、过载保护热继电器四个信号需要接入 PLC 输入信号。电动机正反转需要两个不同的接触器实现电源通断，两个 PLC 输出点驱动两个接触器，即共需要四个输入信号，两个输出信号。表 4-3-1 为三相异步电动机正反转控制的I/O 地址编号及释义。

表 4 - 3 - 1		三相异步电动机正反转控制 I/O 地址编号及释义
地址	数据类型	注释
X000	BOOL	正转按钮 SB1
X001	BOOL	反转按钮 SB2
X002	BOOL	停止按钮 SB3
X003	BOOL	热继电器 FR
Y000	BOOL	控制三相异步电动机正转的交流接触器 KM1
Y001	BOOL	控制三相异步电动机反转的交流接触器 KM2

（2）参考程序。三相异步电动机正反转控制参考程序如图 4 - 3 - 8 所示。

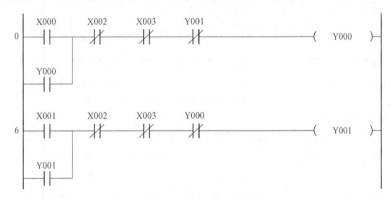

图 4 - 3 - 8　电动机正反转控制参考程序

3. 小车自动往返控制

（1）I/O 地址编号确定。根据控制要求，确定需要的 I/O 地址编号。启动按钮、停止按钮、左右限位开关为输入信号，通断三相异步电动机正反转的交流接触器需要输出驱动，翻门与底门需要输出驱动。如前所述，共需要四个输入信号，四个输出信号。表 4 - 3 - 2 为小车自动往返控制 I/O 地址编号及释义。

表 4 - 3 - 2		小车自动往返控制 I/O 地址编号及释义
地址	数据类型	注释
X000	BOOL	启动按钮 SB1
X001	BOOL	停止按钮 SB2
X002	BOOL	左限位行程开关 SQ1
X003	BOOL	右限位行程开关 SQ2
Y000	BOOL	右行交流接触器 KM1
Y001	BOOL	左行交流接触器 KM2
Y002	BOOL	翻门控制器 KM3
Y003	BOOL	底门控制器 KM4

（2）参考程序。小车自动往返控制参考程序如图 4-3-9 所示。

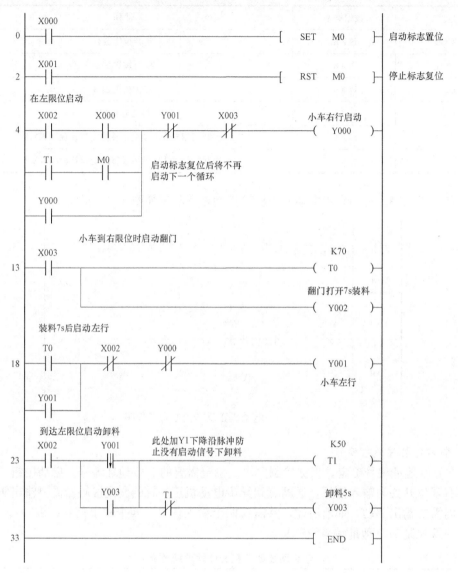

图 4-3-9　小车自动往返控制参考程序

设计本程序时，注意以下几点：

（1）要求小车在左限位启动，即左限位开关接通时启动，程序中第 4 步将 X000 与 X002 动合触点串联。

（2）在按下停止按钮后小车最终要求停在左限位，回到初始状态。

（3）小车在左限位时不能自启动卸料底门，本程序第 23 步处 X002 动合触点后有一个 Y1 的下降沿动合触点串联实现。

4. 仿真过程

（1）三相异步电动机正反转控制。

1）编写完程序后，单击菜单栏中的"全部转换"，编辑画面底色由灰色变为白色，这时的程序才可以保存和进行仿真运行。单击菜单栏"调试"→"模拟开始",进入图 4 - 3 - 10 的画面,开关元件有色表示接通状态。

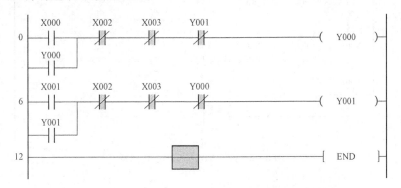

图 4 - 3 - 10 三相异步电动机正反转控制仿真界面

2)进入仿真界面后,需要改变输入信号的状态,才能观察程序运行的情况。单击"调试"→"当前值更改",出现图 4 - 3 - 11 所示窗口,可以实现软元件当前值修改。第一个空行可以输入需要修改的软元件地址,然后直接单击"ON"或者"OFF"。

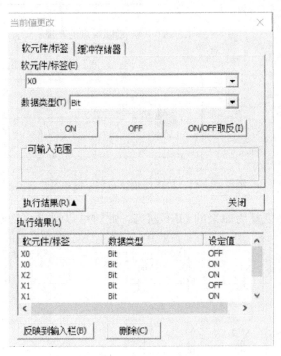

图 4 - 3 - 11 软元件当前值修改

X0 为正转启动按钮开关,单击 ON,则 Y0 接通,正转启动,见图 4 - 3 - 12。

此时由于互锁触点 Y0 动断触点断开,即使将反转启动输入开关 X1 点为 ON,Y1 也无法启动,见图 4 - 3 - 13。

必须先单击停止按钮(注意是将 X2 点为 ON,其动断触点断开),Y0 断开,Y0 动断触点恢复为闭合状态,见图 4 - 3 - 14。

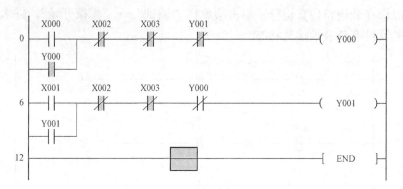

图 4-3-12　Y0 接通，正转启动

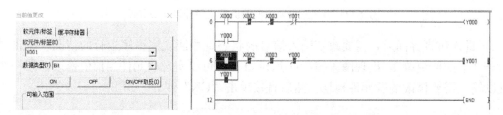

图 4-3-13　Y0、Y1 动断触点的互锁

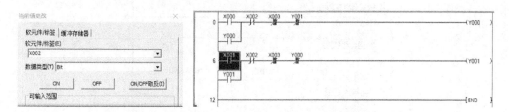

图 4-3-14　单击停止按钮后，输出复位

Y0 断开后，将 X2 恢复为原来的 OFF 状态，此时可以通过 X1 转换为 ON，启动反转，见图 4-3-15。

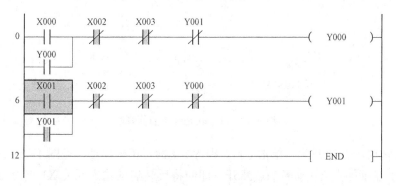

图 4-3-15　反转启动

同理，反转也需要停止后才能启动正转。

整个运行过程仿真结束后，单击菜单栏的"调试"→"模拟停止"，仿真运行结束。

仿真过程中程序出现错误，可以单击"模拟停止"，切换为"写入"模式修改，程序"转换"后重新仿真运行。

（2）小车自动往返控制。

1）编辑转换程序后单击"模拟开始"，进入图 4-3-16 的界面。

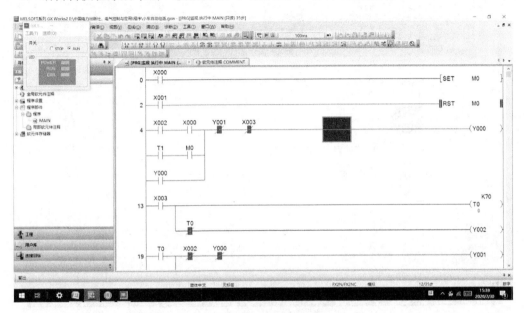

图 4-3-16　程序仿真画面

2）根据控制要求，左限位启动，先将左限位开关点为"ON"，然后单击启动按钮 X0 为"ON"，Y0 启动，小车右行，见图 4-3-17。

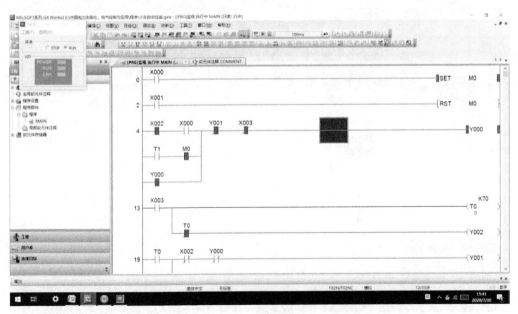

图 4-3-17　Y0 启动仿真画面

3）小车右行至右限位点，右限位开关 X3 状态发生改变，修改 X3 当前值为"ON"，图 4-3-17 所示程序中第 4 步序行中的 X3 动断触点断开，第 13 步序行的 X3 动合触点闭合。此时 Y0 断开，Y2 与 T0 接通，见图 4-3-18。定时器开始计时，图中设置时间为 70×100ms，当前为 53×100ms。

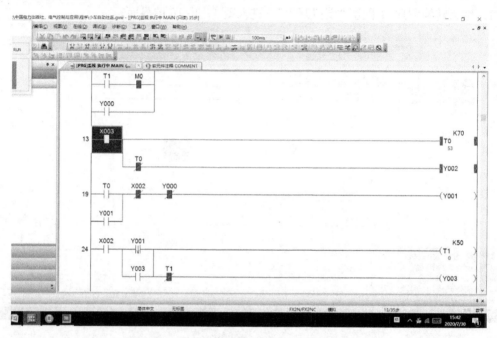

图 4-3-18　X3 当前值为"ON"的仿真界面

4）T0 的当前值计时到 7s 后，T0 动断触点断开 Y2，T0 的动合触点接通 Y1，见图 4-3-19。注意：Y1 一旦接通，表示小车向左运行，需要及时将 X3 的当前值修改为"OFF"，这时 T0 线圈也是断开的。

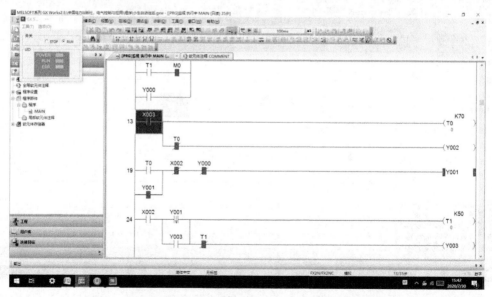

图 4-3-19　T0 计时时间到，断开 Y002，接通 Y001 的界面

5）Y1 接通后，小车左行至左限位，即小车出发的点。左限位开关 X2 当前值修改为"ON"，X2 动断触点断开 Y1，X2 动合触点接通 Y3 与 T1。

后面的过程同学自行仿真，可以观察到系统可一直处于循环运行。动合运行在任何一个状态中时，可以修改停止按钮"X1"的当前值，然后仿真过程继续，可以观察到在一个周期后系统停止，不再循环。整个运行过程仿真结束后，单击菜单栏的"调试"→"模拟停止"，仿真运行结束。

5. 运行注意事项

（1）仿真运行时，按钮开关需要在当前值修改为"ON"后即复位为"OFF"，不要一直保持为"ON"。

（2）仿真运行时，限位开关在小车到达限位点时设置为"ON"，一旦三相异步电动机启动，即 Y000 或 Y001 接通后，立即将限位开关当前值复位为"OFF"。

（3）运行过程中发现程序有错，需要修改程序，可先停止模拟运行，然后改变程序为"写入"模式。

（二）基于 PLC 的小车自动往返控制电路连接与软硬件调试实验

1. 设计硬件电路

根据本实验内容 1 中的表 4 - 3 - 2，选择 PLC 型号后，参考相应型号的 PLC 技术手册，设计硬件电路图。本实验内容选用 FX2N 系列 PLC，参考电路见图 4 - 3 - 20。本电路图也适用于类似型号的三菱 PLC。

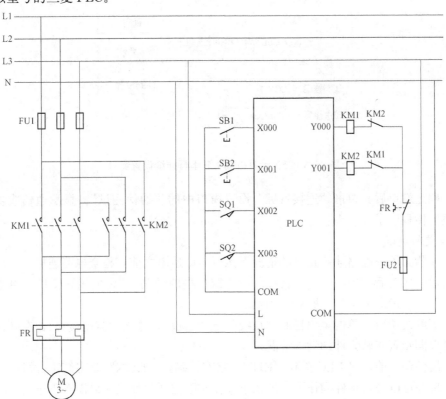

图 4 - 3 - 20 基于 PLC 的三相异步电动机的小车自动往返主电路与控制电路

图 4-3-20 中，过载保护用的热继电器 FR 的辅助动断触点串联在输出回路中，三相异步电动机发生过载时，FR 的动断触点断开，断开负载回路，交流接触器 KM1、KM2 的线圈失电，断开三相异步电动机主回路，实现保护。PLC 没有任何输入信号，所以程序的软元件状态没有发生变化。FR 动断触点恢复闭合后，KM1 或 KM2 的线圈直接得电，主回路恢复通电，三相异步电动机恢复运行。

编程电脑与 PLC 的 RS-232 通信：

（1）使用相应的通信电缆将 PLC 与电脑连接，将 PLC 通上电源，电源指示灯正常显示。PLC 处于"STOP"状态。如果出现"ERROR"灯亮，复位检查 PLC，正常后进入下一步。

（2）选中桌面"我的电脑"，单击鼠标右键，鼠标左键单击属性，选中设备管理器后，单击 USB 串口，观察已经连接数据线的设备端口号。

（3）打开编辑转换好的程序，单击左侧导航下面的"连接目标"，然后双击"Connection1"，打开连接目标设置，双击左上角的  图标，弹出计算机侧 I/F 串行详细设置窗口，见图 4-3-21，这里使用的是 RS-232C 通信，需要将 COM 端口改为在设备管理器中观察的端口号。

图 4-3-21　计算机侧 I/F 串行详细设置窗口

（4）确定端口后，单击"连接目标"设置窗口中的"通信测试"，显示通信成功，说明可以下载上传程序了。

2. 软硬件调试

以下步骤必须在电路连接正确的情况下执行，即通电之前，检查电路连接。

（1）通信成功后，单击"连接目标"设置窗口中的"确定"，关闭该窗口。单击菜单栏的"在线"→"PLC 写入"，进入下载窗口。

（2）下载成功后，单击菜单栏的"在线"→"监视"，进入"监视模式"，在硬件调试的同时，可以同步观察软元件的动作情况。

（3）硬件调试前，将 PLC 拨到"RUN"状态，确认"RUN"状态灯正常指示。

（4）现在可以进行硬件操作了。确认小车在左限位开关处（如果没有小车，手动改变左限位开关 SQ1，使之为小车在左限位点的状态），然后按下启动按钮，这时右行交流接触器 KM1 得电吸合，三相异步电动机正转运行，小车右行。三相异步电动机一旦启动，左限位开关会自动复位，如果不能自动复位，可以通过手动的方式使之复位。

（5）右行至右限位点，即右限位开关 SQ2 动作（如果没有小车，手动改变右限位开关 SQ1，使之为小车在右限位点的状态），KM1 断电，电动机停转，翻门控制器 KM3 得电吸合。

（6）7s 后，翻门控制器 KM3 失电，左行接触器 KM2 得电吸合，三相异步电动机反转，小车左行。此时右限位开关会自动复位，如果不能自动复位，可以通过手动的方式使之复位。

（7）左行至左限位点，左限位开关 SQ1 动作（如果没有小车，手动改变左限位开关 SQ1，使之为小车在左限位点的状态），左行接触器 KM2 失电，三相异步电动机停转，小车停止运行，同时底门控制器 KM4 得电。

（8）5s 后，底门控制器 KM4 失电，右行接触器 KM1 得电吸合，三相异步电动机正转，小车右行。进入下一个循环，如果运行过程中停止按钮被按下，则右行接触器 KM1 不会得电吸合，也即不进入下一个循环。

（9）运行期间，观察电脑端 PLC 程序窗口软元件的动作是否和硬件一致。调试结束后，断电，拆除电路。

五、 实验报告要求

（1）选择确定所使用 PLC 的型号，使用的编程软件，列出软硬元件地址对应表。
（2）确定整个系统所需要的保护及控制用元器件，画出系统的硬件电路图。
（3）根据控制要求，画出梯形图程序。
（4）说明调试过程，并说出调试过程中出现的问题与解决方法。

六、 实验注意事项

（1）接通电源前，确认安全，检查电路，确保无误后方可接通电源。
（2）下载程序前，需要先仿真运行程序，仿真运行没有问题后，单击"模拟仿真停止"后，才可以下载程序。
（3）本电路中正反转需要设计互锁环节，在软件编程和硬件电路连接都需要考虑互锁，缺一不可。
（4）过载保护可以在输出端，也可以接在输入端，接入输入端后，需要占用一个输入点，程序中也要有体现。
（5）调试时，如果没有小车，限位开关可以通过手动的方式实现状态的变化，但是要注意及时复位，否则调试结果会不理想。
（6）运行前，确认 PLC 在"RUN"状态。

七、 问题讨论

（1）PLC 的选型可以根据哪些条件来选择？
（2）控制系统中的元器件的选型，如交流接触器等，怎么选？
（3）本系统只有一个停止按钮，按下停止按钮后，小车到左限位点才停下来，试增加一个急停按钮，按下急停按钮，小车在任何状态都能停下来。

（4）增加急停按钮后，试增加左行和右行点动控制按钮，使小车在停止状态时，按下点动按钮，可以在系统不启动的情况下，随时左行或右行的点动。

（5）本实验若需要增加左右保护限位开关，怎么实现？

实验四　基于PLC与变频器的三相异步电动机多段速控制实验

一、实验目的

（1）了解并掌握变频器的接线图。

（2）掌握PLC与变频器的电路连接。

（3）掌握变频器的参数设置。

（4）掌握根据三相异步电动机控制要求设计PLC与变频器的控制电路、软件编程与软硬件调试。

二、实验设备

PLC 1台、三相异步电动机1台、变频器1台、熔断器若干、按钮若干、位置开关4只。

三、实验内容

（一）变频器基本操作与多段速参数设置

（1）变频器基本接线。

（2）变频器操作面板的基本操作。

（3）多段速频率设置方法。

＊（二）基于PLC与变频器实现刨床工作台的控制

（1）刨床工作台由变频器驱动三相异步电动机运动，选用PLC作为控制器。变频器的速度图见图4-4-1，变频器的加速时间为2s，减速时间为1s。启动按钮启动工作台，工作台以设定频率运行，两个循环后停止；运行过程中按下停止按钮，工作台立即停止。

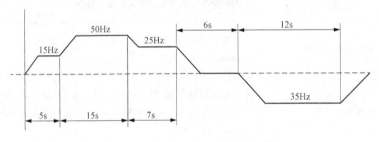

图4-4-1　工作台设定频率要求

（2）选择确定PLC、变频器与元器件的型号，完成整个电路设计与接线。

（3）变频器按照工作台设定的频率要求设置参数。

（4）编写PLC程序，完成整个电路的软硬件调试。

四、实验方法与步骤

（一）变频器基本操作与多段速参数设置

1. 变频器基本接线

（1）本实验以三菱的FR-A500系列变频器为例说明其基本接线。图4-4-2为变频器与电源及电动机的接线。三相电源必须接 R、S、T，电动机接到 U、V、W 端子上。在接线时不必考虑电源的相序。使用单相电源时则必须接 R、S 端。

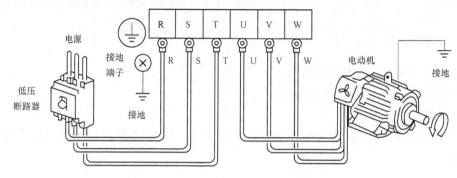

图 4-4-2　变频器与电源及电动机接线

　　图 4-4-3 为 FR-A500 系列变频器主回路以及控制回路接线，主回路端子说明见表 4-4-1。在 P 和 PR 端子间建议连接制动电阻选件，端子间原来的短路片必须拆下。

表 4-4-1　　　　　　　　　　FR-A500 系列变频器主回路端子说明

端子记号	端子功能	端子功能说明
R、S、T	交流电源输入	连接工频电源。当使用高功率因数转换器时，确保这些端子不连接 FR-HC
U、V、W	变频器输出	接三相笼型电机
R1、S1	控制回路电源输入	与交流电源端子 R、S 相连，在保持异常显示、异常输出时或当使用高功率因数变流器（FR-HC）等时，必须拆下端子 R1-R1、S-S1 间的短路片，从外部对该端子输入电源
P、PR	连接制动电阻器	拆下端子 PR-PX 间的短路片，在端子 P-PR 间连接制动电阻器 FR-ABR
P、N	连接制动单元	连接制动单元（FR-BU、BU、MT-BU5）、共直流母线变流器（FR-CV）、电源再生转换器（MT-RC）及高功率因数变流器（FR-HC，MT-HC）
P、P1	连接改善功率因数 DC 电抗器	拆下端子 P/+ 与 P1 间的短路片，连接改善功率因数用电抗器（FR-BEL）
PR、PX	内置制动器回路连接	端子 PX-PR 间连接有短路片的状态（初始状态）下，电动机制动选择内置的制动器回路
⏚	接地	变频器外壳接地用，必须接大地

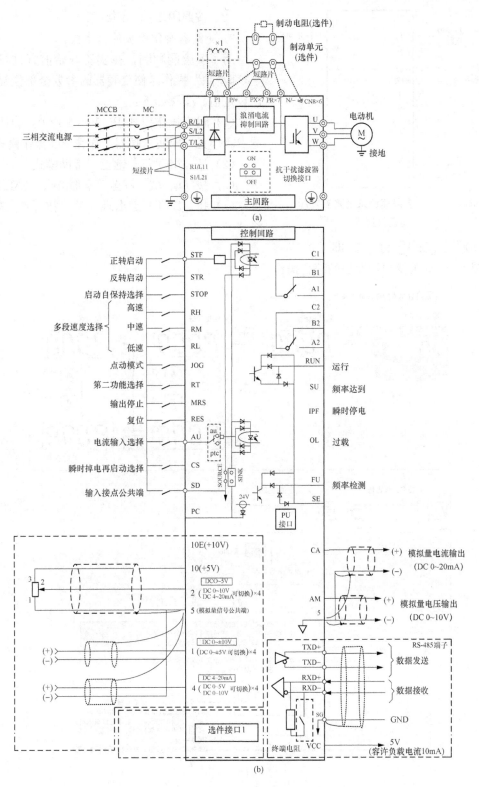

图 4-4-3 FR-A500 系列变频器端口接线示意图
(a) 主回路；(b) 控制回路

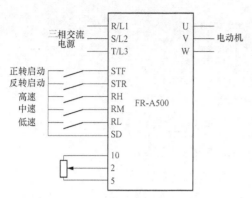

图 4 - 4 - 4　多段速调试变频器外部
点动运行接线

（2）按照图 4 - 4 - 4 接线。

2. 变频器操作面板的基本操作

为了实验能顺利，在实验开始前宜进行一次"全部清除"操作，使变频器的参数全部恢复到出厂设定值。步骤如下：

（1）设定操作模式 Pr.79＝1 或 0，确认变频器 PU 灯亮，即使变频器工作在 PU 操作模式。

（2）按［MODE］键至"帮助模式"。

（3）按［增/减］键至"全部清除"（ALLC）。

（4）按［SET］键出现"0"，按［增/减］键将"0"改为"1"。

（5）按［SET］键 1.5s 即可。

图 4 - 4 - 5 为变频器面板的综合操作。

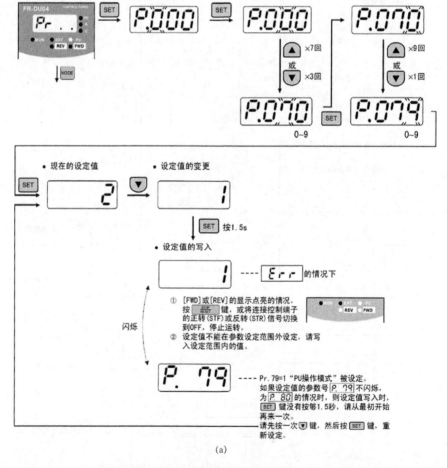

(a)

图 4 - 4 - 5　变频器面板的综合操作（一）

（a）参数设定的操作

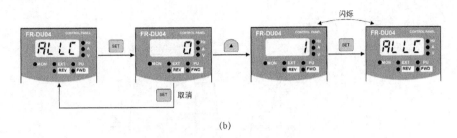

(b)

图 4 - 4 - 5　变频器面板的综合操作（二）

（b）将参数值和校准值全部初始化为出厂设定值

3. 多段速频率设置方法

（1）实验时变频器使用外部运行模式，即 P79 的参数设置为"0"。必须设定的参数见表 4 - 4 - 2。

表 4 - 4 - 2　　　　　　　　　　外部多段速点动运行必须设定的参数

目的		必须设定的参数
通过端子的组合控制频率	多段速运行	Pr. 4～Pr. 6、Pr. 24～Pr. 27、Pr. 232～Pr. 239
点动（JOG）运行	点动运行	Pr. 15、Pr. 16

（2）多段速运行设定参数见表 4 - 4 - 3，多段速使用 RL、RM、RH 组合实现，7 段速以内的组合可见图 4 - 4 - 6。

表 4 - 4 - 3　　　　　　　　　　多段速运行设定参数一览表

参数编号	名称	初始值（Hz）	设定范围（Hz）	内容
4	多段速设定（高速）	50	0～400	RH - ON 时的频率
5	多段速设定（中速）	30	0～400	RM - ON 时的频率
6	多段速设定（低速）	10	0～400	RL - ON 时的频率
24	多段速设定（4 速）	9999	0～400	
25	多段速设定（5 速）	9999	0～400	
26	多段速设定（6 速）	9999	0～400	
27	多段速设定（7 速）	9999	0～400	
232	多段速设定（8 速）	9999	0～400	
233	多段速设定（9 速）	9999	0～400	通过 RH、RM、RL、REX 信号的组合可以进行 4～15 段速度的频率设定
234	多段速设定（10 速）	9999	0～400	
235	多段速设定（11 速）	9999	0～400	
236	多段速设定（12 速）	9999	0～400	
237	多段速设定（13 速）	9999	0～400	
238	多段速设定（14 速）	9999	0～400	
239	多段速设定（15 速）	9999	0～400	

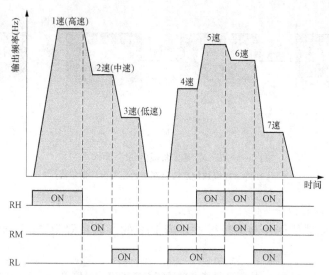

图 4-4-6　7 段速以内的运行组合图

（3）4 段速外部启动运行参数设定（忽略三相异步电动机的参数）见表 4-4-4。

表 4-4-4　　　　　　　　　　　　4 段速外部启动运行参数设定

参数编号	设置值	说明	参数编号	设置值	说明
1	120Hz	上限频率	24	35Hz	RM、RL＝ON 时的频率
2	0Hz	下限频率	7	2s	加速时间
4	50Hz	RH＝ON 时的频率	8	1s	减速时间
5	25Hz	RM＝ON 时的频率	79	0	外部运行模式
6	15Hz	RL＝ON 时的频率			

表 4-4-4 参数设置值按照图 4-4-1 的频率要求设置，根据理解，也可改变参数值，观察运行状态。

4. 调试运行

按图 4-4-4 接线完成，且变频器的参数按照表 4-4-4 设置好后，可以进行电动机的 4 段速点动调试运行。

（1）按下 STF 按钮同时按下 RH 按钮，电动机以 50Hz 的频率运行，松开停转。

（2）按下 STF 按钮同时按下 RM 按钮，电动机以 25Hz 的频率运行，松开停转。

（3）按下 STF 按钮同时按下 RL 按钮，电动机以 15Hz 的频率运行，松开停转。

（4）按下 STF 按钮同时按下 RM 和 RL 按钮，电动机以 15Hz 的频率运行，松开停转。

STF 按钮接通为电动机的正转运行，STF 按钮若是换成 STR，则电动机反转运行。松开按钮，电动机停转。

（二）基于 PLC 与变频器实现刨床工作台的控制

1. 电路接线

选择确定 PLC、变频器与元器件等硬件，完成整个电路设计与接线。

本实验电路接线与操作选用三菱 FX 系列 PLC，若选用其他型号 PLC，需要参考相应的技术手册与本实验中的电路图重新设计电路。完成基于 PLC 与变频器实现刨床工作台的控制需要以下元器件：启动按钮 1 个、停止按钮 1 个、PLC1 台、变频器 1 台、熔断器若干。

启动按钮与停止按钮为 PLC 的输入信号，PLC 输出为继电器输出，直接将对应的输出点接入变频器的输入端。PLC 的 Y0～Y4 分别接入变频器的 STR、STF、RL、RM、RH，代替图 4-4-4 中的开关，PLC 的 COM 端直接和变频器的 SD 端相连。

（1）根据控制要求，I/O 地址分配见表 4-4-5。

表 4-4-5　　　　　　　　　　　　刨床工作台 PLC I/O 地址分配

PLC 连接设备及变频器端子符号	地址	数据类型	注释
SB1	X1	BOOL	启动按钮
SB2	X2	BOOL	停止按钮
STR	Y0	BOOL	变频器驱动电动机反转端口
STF	Y1	BOOL	变频器驱动电动机正转端口
RL	Y2	BOOL	变频器低速输出端
RM	Y3	BOOL	变频器中速输出端
RH	Y4	BOOL	变频器高速输出端

（2）电路接线图如图 4-4-7 所示。

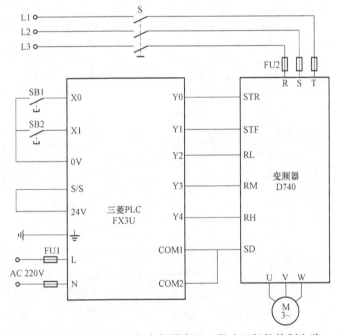

图 4-4-7　基于 PLC 与变频器实现 4 段速运行的控制电路

2. PLC 程序设计编写

（1）采用顺序控制编程时，软件程序见图 4-4-8 与图 4-4-9。

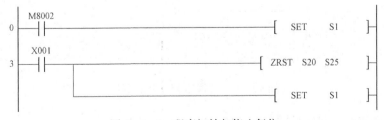

图 4-4-8　程序初始与停止复位

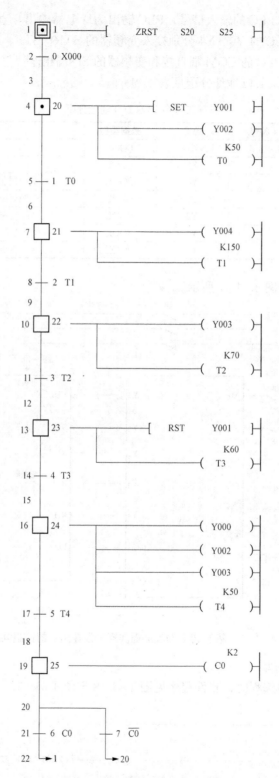

图 4 - 4 - 9　4 段速 PLC 运行程序

（2）梯形图编程，程序见图 4 - 4 - 10。

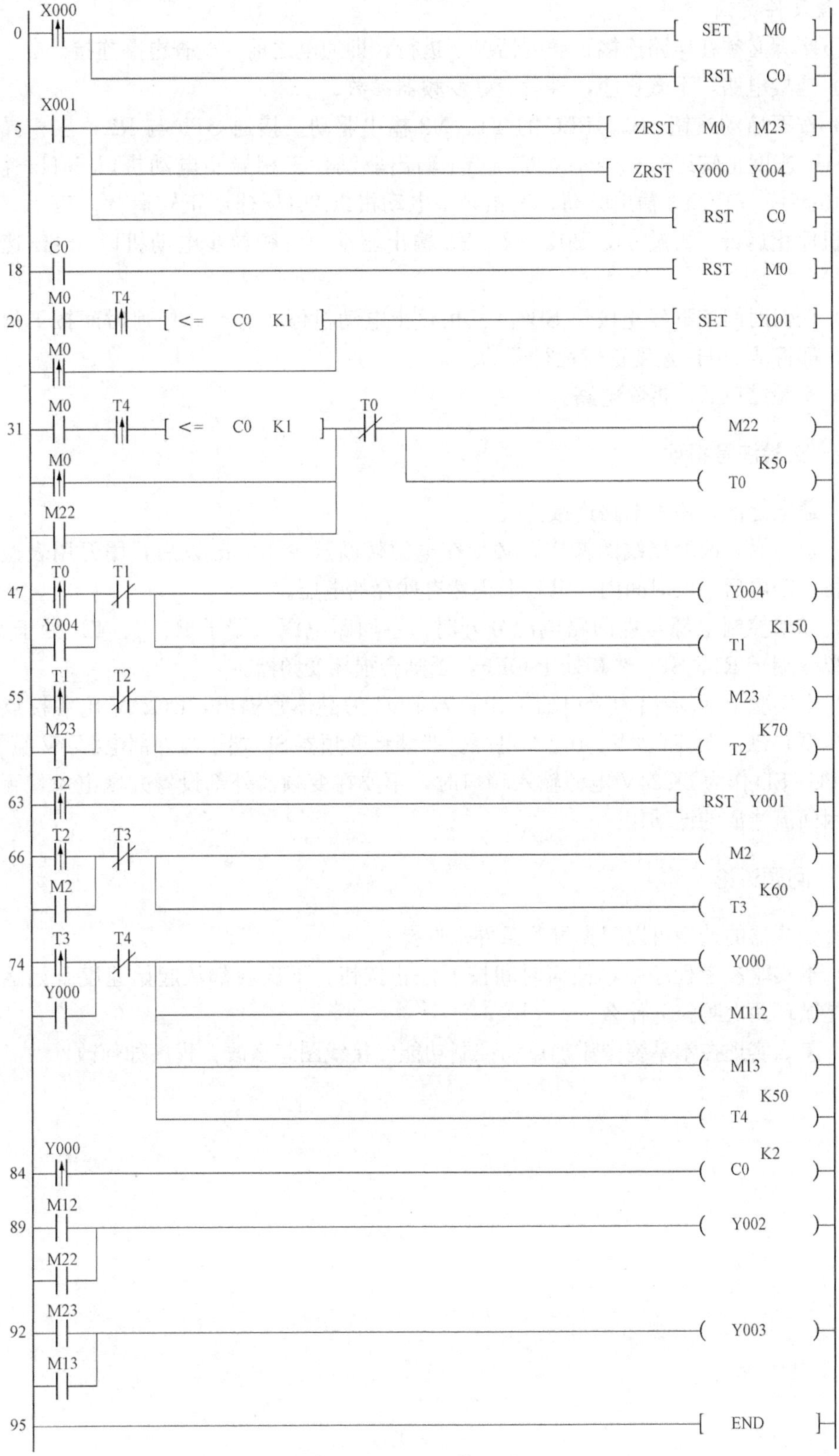

```
0   X000
    ─┤↑├──────────────────────────────────────────────[ SET   M0 ]
                                                        [ RST   C0 ]

5   X001
    ─┤↑├──────────────────────────────────────────[ ZRST  M0   M23 ]
                                                 [ ZRST  Y000 Y004 ]
                                                        [ RST   C0 ]

18  C0
    ─┤├───────────────────────────────────────────────[ RST   M0 ]

20  M0    T4
    ─┤↑├──┤↑├──[ <=  C0  K1 ]────────────────────────[ SET  Y001 ]
    M0
    ─┤↑├──────────────────────────────────┘

31  M0    T4                             T0
    ─┤↑├──┤↑├──[ <=  C0  K1 ]──────────┤/├─────────────( M22 )
    M0                                                          K50
    ─┤├───────────────────────────────┘              ──────( T0 )
    M22
    ─┤├──────────────────────────────────┘

47  T0    T1
    ─┤↑├──┤/├──────────────────────────────────────────( Y004 )
    Y004                                                        K150
    ─┤├─────────────────────────────────────────────────( T1 )

55  T1    T2
    ─┤↑├──┤/├──────────────────────────────────────────( M23 )
    M23                                                         K70
    ─┤├─────────────────────────────────────────────────( T2 )

63  T2
    ─┤↑├──────────────────────────────────────────────[ RST  Y001 ]

66  T2    T3
    ─┤↑├──┤/├──────────────────────────────────────────( M2 )
    M2                                                          K60
    ─┤├─────────────────────────────────────────────────( T3 )

74  T3    T4
    ─┤↑├──┤/├──────────────────────────────────────────( Y000 )
    Y000
    ─┤├─────────────────────────────────────────────────( M112 )
                                                         ( M13 )
                                                                K50
                                                     ──────( T4 )

84  Y000                                                        K2
    ─┤↑├─────────────────────────────────────────────────( C0 )

89  M12
    ─┤├──────────────────────────────────────────────────( Y002 )
    M22
    ─┤├──┘

92  M23
    ─┤├──────────────────────────────────────────────────( Y003 )
    M13
    ─┤├──┘

95  ──────────────────────────────────────────────────[ END ]
```

图 4 - 4 - 10　梯形图程序

3. 软硬件调试

以下步骤必须在电路连接正确的情况下进行，即通电之前，检查电路连接。

（1）连接电路，下载程序，且设置好变频器参数。

（2）按下启动按钮 SB1，PLC 的 Y1、Y2 输出驱动，接通 STF 与 RL，三相异步电动机以 15Hz 速度正转运行。5s 后，Y1、Y4 输出驱动，三相异步电动机以 50Hz 速度正转运行。15s 后，Y1、Y3 输出驱动，三相异步电动机以 25Hz 速度正转运行。7s 后，三相异步电动机停止运行。再过 6s，Y0、Y2、Y3 输出驱动，三相异步电动机以 35Hz 速度反转运行。

（3）任何时间按下停止按钮 SB2，三相异步电动机停止运行。任何时间按下启动按钮 SB1 时，都将从 15Hz 速度正转运行开始。

（4）实验结束后，拆除电路。

五、 实验注意事项

（1）通电之前，检查电路连接。

（2）运行后，改变接线的操作，必须在电源切断至少 10min 以后，用万用表检查无电压后进行。断电后一段时间内，电容上仍然有残存的电压。

（3）如果控制电源与主回路电源分开时，主回路电源（端子 R、S、T）处于 ON 时，控制电源（端子 R1、S1）严禁处于 OFF，否则会损坏变频器。

（4）本实验 PLC 输出为继电器输出。若 PLC 为晶体管输出，DC24V 电源接点输入公共端（源型）PC，即 DC24V、0.1A 电源。严禁将变频器 SD 端子与外部电源 0V 端子相连；把端子 PC - SD 作为 DC24V 电源输入端口时，不要在变频器外部设置并联电源，否则有可能发生因回流造成的误动作。

六、 问题讨论

（1）变频器的选型可以根据哪些条件来选择？

（2）本实验参考程序中，任何时间按下停止按钮，下次会都从起始速度开始运行，请问，还是循环两次吗？为什么？

（3）怎么实现在本系统中添加点动控制功能？接线图怎么改，程序如何改？

实验五　基于 PLC 的步进电动机调速控制实验

一、实验目的

（1）了解步进电动机的调速控制方法。
（2）掌握 PLC 直接驱动步进电动机时的接线与 PLC 编程。
（3）掌握使用步进电动机驱动器驱动电动机的接线与 PLC 编程。

二、实验设备

PLC1 台、步进电动机 1 台、步进电动机驱动器 1 台、熔断器若干、按钮若干、开关若干。

三、实验内容

（一）PLC 直接控制步进电动机

1. 步进电动机控制原理说明

步进电动机是将输入的电脉冲信号转换成角位移的特殊同步电动机，它的特点是每输入一个电脉冲，电动机转子便转动一步，转一步的角度称为步距角。步距角越小，表明电动机控制的精度越高。由于转子的角位移与输入的电脉冲个数成正比，因此电动机转子转动的速度便与电脉冲频率成正比。改变通电频率，即可改变转速。改变电动机各相绕组通电的顺序（即相序）即可改变电动机的转向。如果不改变绕组通电的状态，步进电动机还具有自锁能力（即能抵御负载的波动，而保持位置不变），而且从理论上说其步距误差也不会积累。因此步进电动机主要用于开环控制系统的进给驱动。步进电动机的主要缺点是在大负载和高转速情况下，会产生失步，同时输出的功率也不够大。根据上述原理，采用 PLC 直接控制步进电动机方式，只要控制步进电动机的两相绕组 A、B 的 A、$\overline{A}$、B、$\overline{B}$ 四个端子按照一定的顺序分别通电，即可控制步进电动机正转或反转。通过控制 PLC 发出脉冲的频率，即可控制步进电动机的转速。通过控制 PLC 发出脉冲的个数，即可控制步进电动机带动负载移动的距离。

两相混合式步进电动机的正转步骤为：①通电电流方向 A→$\overline{A}$；②通电电流方向 B→$\overline{B}$；③通电电流方向 $\overline{A}$→A；④通电电流方向 $\overline{B}$→B。如果是反转则按照④、③、②、①的顺序控制。

2. PLC 与步进电动机匹配说明

如果是 PLC 直接驱动步进电动机，由于 PLC 输出电流较小，只能驱动小功率的步进电动机。可根据相关手册，确定所选 PLC 型号的输出电流，与所选步进电动机的驱动电流，匹配后完成实验。PLC 采用三菱 FX 系列 PLC 继电器输出时，最大输出电流为 2A，实验可采用 42BYGH5403 型两相混合式步进电动机，电压为 10～40V。其技术参数见表 4-5-1。

表 4 - 5 - 1   **42BYGH5403 型两相混合式步进电动机技术参数**

型号	相数	步距角 (°)	电流 (A)	静力矩 (kg·cm)	定位力矩 (g·cm)	转动惯量 (g·cm^2)	引线数	质量 (g)
42BYGH5403	2	1.8	1.8	5.0	260	68	4	340

完成 PLC 直接控制步进电动机的控制电路设计并接线。编写 PLC 程序，完成软硬件调试。

（二）PLC 控制带驱动器的步进电动机

在实际应用中，一般在步进电动机的前端加一个步进驱动器来实现对步进电动机的驱动和控制，目的在于把控制系统发出的脉冲信号加以放大，以能够带动负载工作。

根据步进电动机的型号选择的驱动器型号为 SH20403，它是两相混合式步进电动机细分驱动器，特点是能适应较宽电压范围（DC10～40V，容量 30VA），采用恒相电流控制，电气性能见表 4 - 5 - 2。

表 4 - 5 - 2   **SH20403 型驱动器电气性能**

供电电源	DC10～40V（30VA）
输出电流	峰值 3A/相（Max）（由面板拨码开关设定）
驱动方式	恒相电流 PWM 控制（H 桥双极）
励磁方式	整步、半步、4、8、16、32、64 细分
输入信号	光电隔离，（共阳单脉冲接口），提供"0"信号输入信号，包括步进脉冲、方向变换和脱机保持三个

完成 PLC、步进电动机驱动以及电动机的控制电路图设计并接线。编写 PLC 程序，设置参数，完成软硬件调试。

四、实验方法与步骤

（一）PLC 直接控制步进电动机

1. 实验接线

（1）步进电动机 A、B 两相绕组的接线端如图 4 - 5 - 1 所示。

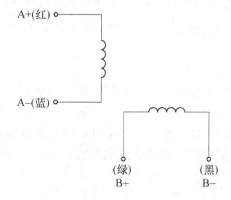

图 4 - 5 - 1   步进电动机两相绕组接线端

（2）PLC 与步进电动机的接线如图 4 - 5 - 2 所示。

图 4 - 5 - 2 中，本实验将 Y0 和 Y1 的 COM 口合并，Y2 和 Y3 的 COM 口合并。如果实际选用的输出点不是共用一个 COM，可以用导线将各自的 COM 短接起来。

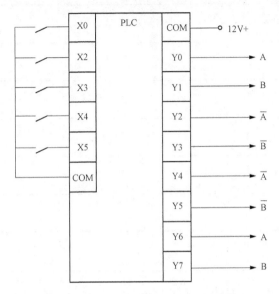

图 4 - 5 - 2　PLC 与步进电动机接线图

PLC 的 I/O 地址分配见表 4 - 5 - 3。

表 4 - 5 - 3　　　　　　　　　　　　　PLC 的 I/O 地址分配

输入点		输出点	
X0	正/反转运行	COM1	DC+12V
X2	自动/手动	Y0	A
X3	单步运行	Y1	B
X4	频率增加	Y2	$\overline{A}$
X5	频率减少	Y3	$\overline{B}$
		Y4	$\overline{A}$
		Y5	$\overline{B}$
		Y6	A
		Y7	B

2. PLC 的程序编写

PLC 直接驱动步进电动机梯形图如图 4 - 5 - 3 所示。

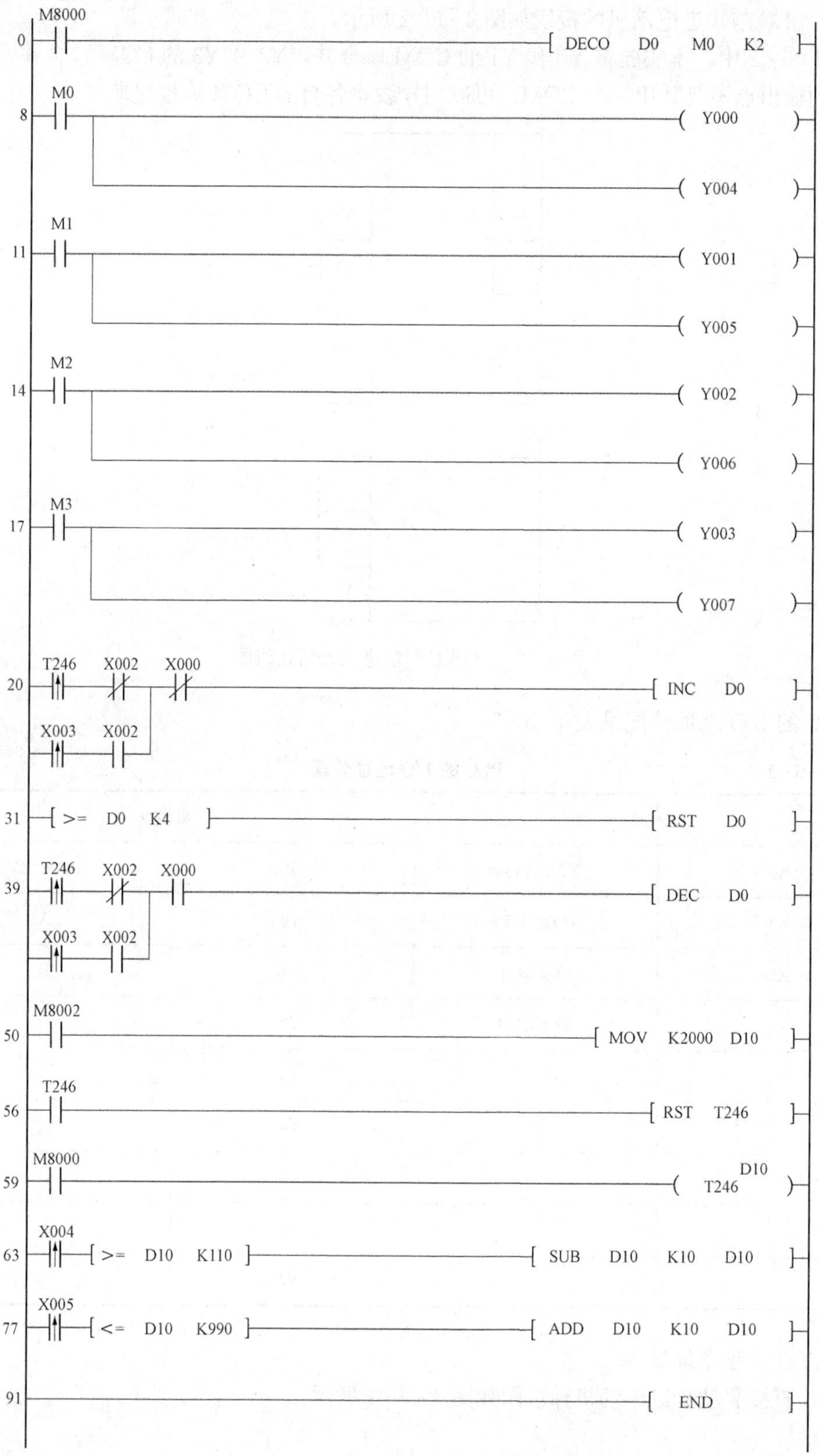

图 4-5-3　PLC直接控制步进电动机梯形图

3. 程序说明

程序中采用积算定时器 T246 为脉冲发生器；PLC 为继电器输出类型，其通断频率过高有可能会损坏 PLC，故设定范围为 100～1000ms，步进电动机可获得 1～10 步/s 的变速范围。

X0 为 OFF 时，输出正脉冲序列，步进电动机正转。T246 以 D10 值为预置值计时，时间到，T246 导通，接通的瞬间将 T246 当前值清零，即仅仅接通一个扫描周期时间。执行 DECO 指令，根据 D0 数值（首次为 0），指定 M0、M1、M2、M3 的输出值。当 M0 为 ON 时，Y0、Y4 为 ON，步进电动机 A 相通电，且实现电流方向 A→$\overline{A}$；T246 经过一个上升沿，D0 加 1，后 T246 马上自行复位。计时时间到，T246 又导通，再执行 DECO 指令，根据 D0 数值（此次为 1），指定 M1 输出，Y1、Y5 为 ON，步进电动机 B 相通电，且实现电流方向 B→$\overline{B}$；D0 加 1，T246 马上又自行复位，重新计时。时间到，T246 又导通，再执行 DECO 命令，根据 D0 数值（此时为 2），指定 M2 输出，Y2、Y6 为 ON，步进电动机 A 相通电，且实现电流方向 $\overline{A}$→A；D0 加 1，T246 马上又自行复位，重新计时。时间到，T246 又导通，再执行 DECO 命令，根据 D0 数值（此次为 3），指定 M3 输出，Y3、Y7 为 ON，步进电动机 B 相通电，且实现电流方向 $\overline{B}$→B；当 M3 为 ON（D0 的值 4），D0 复位，重新开始新一轮正脉冲序列的产生。

X0 为 ON，此时 X0 动合触点接通，输出反脉冲序列，步进电动机反转。T246 依然以 D10 值为预置值开始计时，时间到，T246 导通，执行 DECO 指令，根据 D0 数值（首次为 0），指定 M0 输出，Y0、Y4 为 ON，步进电动机 A 相通电，且实现电流方向 A→$\overline{A}$；下一个 T246 计时时间到，执行步序 39 后的程序（因此时 X0 动合触点接通），D0 数值减 1，为 -1，此时执行步序 50 后的程序行，D0 的数值被赋为 3，执行 DECO 指令，根据 D0 数值（此时为 3），指定 M3 输出为 ON，接通 Y3、Y7，步进电动机、B 相通电，且实现电流方向 $\overline{B}$→B；依此类推，完成实现 A 相反向电流、B 相正方向电流、A 相正方向电流三个脉冲序列输出；当 M0 为 ON，D0 为 -1 时，D0 再次被赋值 3，重新开始新一轮反脉冲序列的产生。

当 X2 为 ON 时，程序由自动模式转为手动模式，每点动一次 X3，对 D0 数值（首次为 0）加 1，分别指定 M0、M1、M2 及 M3 输出，从而完成一轮正（反）脉冲序列的产生。

如果在练习时没有步进电动机，也可考虑用指示灯代替，将脉冲频率调低一点，通过观察灯亮次序和灯闪烁的频率确定程序的正确与否。注意观察输出信号的频率和顺序变化，分析其动作是否与控制要求一致。

调速时按 X4 或 X5 按钮，观察 D10 的变化，当变化值为所需速度值时释放。

4. 软硬件调试

（1）根据 PLC 的接线要求接线，PLC 在 STOP 状态下载编写好的程序。所有输入端的开关设置为断开状态。

（2）拨动 PLC 上的开关，将 PLC 设置为 RUN 状态，此时可以观察到 Y0、Y4 到 Y3、Y7 依次接通，步进电动机正转。

（3）X0 端口的开关合上，此时可以观察到 Y3、Y7 到 Y0、Y4 依次接通，步进电动机反转。

（4）将 X2 端口的开关合上，此时为手动状态，操作接 X3 输入口的开关，每次由断开到接通，步进电动机走一步，即 X3 的一个上升沿脉冲，步进电动机转动一个步距角。

（5）电动机运行时，操作 X4 与 X5 输入端的按钮开关，每接通一次观察 D10 的当前值与步进电动机的转速变化。

（6）认真观察每一个输入端与输出端的关系，实验完成后，断电，拆除电路。

（二）PLC 控制带驱动器的步进电动机

1. 实验接线

驱动器的 DIP1～DIP4 可设置细分数，即步进电动机每转一圈所需的脉冲个数，细分数越大，步进电动机的控制精度越高，本例中细分数设置为 4000。如图 4-5-4 所示，将驱动器四个输出端 A＋、A－、B＋、B－分别和步进电动机的红、蓝、绿、黑线相连接。PLC 的 Y0 端和驱动器的 PLS－端相连接，作为驱动器的脉冲输入信号。PLC 的 Y3 端与驱动器的 DIR－端相连用于控制步进电动机的转动方向，DIR＋端和 PLS＋端共同连接到 5V 电源的正极，PLC 的 COM1 端接到 5V 电源的负极。

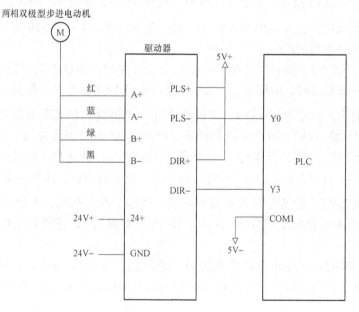

图 4-5-4　PLC 控制带驱动器的步进电动机实验接线图

2. PLC 程序编写

PLC 控制带驱动器的步进电动机的梯形图程序如图 4-5-5 所示。

3. 程序说明

程序中，X0 为正向控制按钮，X1 为反向控制按钮，X3 为停止按钮。三菱 FX3U 系列 PLC 中的脉冲输出指令为"PLSY　S1　S2　D"，其中 S1 为输出脉冲的频率，S2 为发出的脉冲个数，D 为脉冲信号输出的目标地址操作数。本实例程序中的脉冲输出程序段"PLSY K4000 K12000 Y0"，即输出脉冲的频率为每秒 4000 个脉冲，总共输出 12000 个脉冲，即步进电动机转动 3 圈，脉冲信号从 PLC 的 Y0 端输出。Y3 用于控制步进电动机的转动方向。

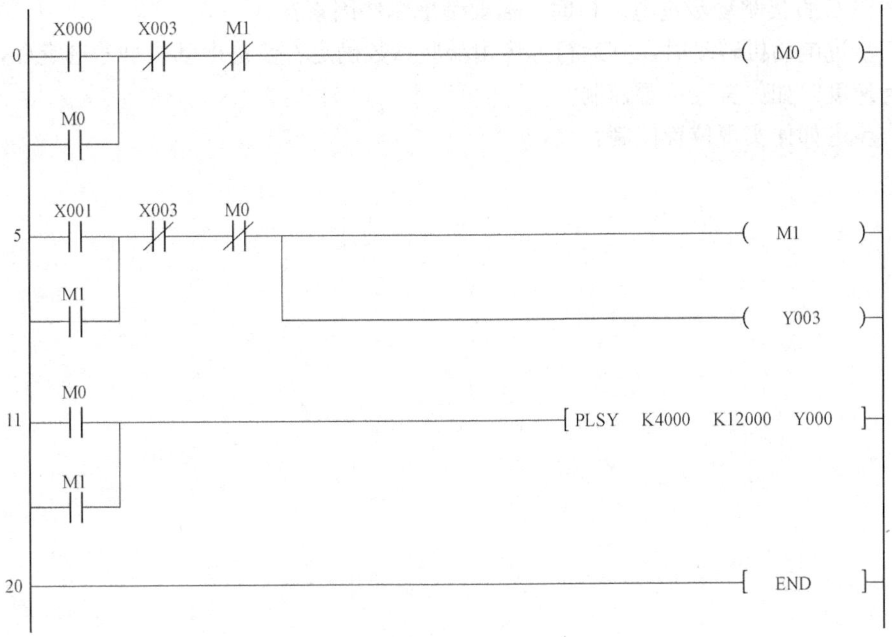

图 4-5-5　PLC 控制带驱动器的步进电动机梯形图程序

如果在实验时想改变步进电动机转动的圈数，只需改变 PLSY 指令中 S2 的值，即将 K12000 设置为其他值，如果想改变步进电动机转动的速度，只需改变 PLSY 指令中 S1 的值，即将 K4000 设置为其他值。

4．软硬件调试

（1）根据 PLC 接线要求接线，PLC 在 STOP 状态下载编写好的程序。所有输入端的开关设置为断开状态。

（2）拨动 PLC 上的开关，将 PLC 设置为 RUN 状态。

（3）接通正向控制按钮，步进电动机正转启动，按下停止按钮，步进电动机停止转动。

（4）接通反向控制按钮，步进电动机反转启动，按下停止按钮，步进电动机停止转动。

（5）将指令"PLSY K4000 K12000 Y0"改为"PLSY K1000 K12000 Y0"，重复上述步骤 3、4 观察程序与电动机运行情况。

（6）实验完成后，断电，拆除电路。

五、　实验注意事项

（1）通电之前，检查电路连接。

（2）注意设备的选型是否匹配。

六、　问题讨论

（1）驱动器的选型可以根据哪些条件来选择？

（2）PLC 直接驱动步进电动机时，需要考虑哪些因素？

（3）步进电动机转动时，其运行速度由哪些参数确定？步进电动机型号选定后，如何改变其运行速度？如何实现位置控制？

（4）步进如何实现位置控制？

参 考 文 献

[1] 焦玉成，杜逸鸣，杨洁，等．电气控制与综合实践［M］．北京：中国电力出版社，2019.

[2] 杜逸鸣，刘旭明，徐智．电气控制与可编程控制技术［M］．北京：机械工业出版社，2013.

[3] 李明星，谢胜利，朱彦利．电机实验指导书［M］．北京：中国电力出版社，2009.

[4] 张婷．电机学实验教程［M］．北京：机械工业出版社，2018.

[5] 胡敏强，黄学良，黄允凯，等．电机学［M］．3版．北京：中国电力出版社，2015.

[6] 佟为明．低压电器继电器及其控制系统［M］．哈尔滨：哈尔滨工业大学出版社，2000.